Manque. la planche. N°. 2.

SYSTÈME

DE

VOITURES POUR CHEMINS DE FER

DE TOUTE COURBURE.

IMPRIMERIE DE BACHELIER,
rue du Jardinet, n° 12.

SYSTÈME

DE

VOITURES POUR CHEMINS DE FER

DE TOUTE COURBURE;

Par Claude **ARNOUX**,

Ancien Élève de l'École Polytechnique, l'un des Administrateurs des Messageries générales Laffitte, Caillard et Cie.

PARIS,

BACHELIER, IMPRIMEUR-LIBRAIRE

POUR LES SCIENCES,

QUAI DES AUGUSTINS, N° 55.

1840

EXPOSÉ.

De toutes les découvertes encore récentes, aucune, si ce n'est la navigation à vapeur, son égale, ne fixe à plus juste titre l'intérêt général que les chemins de fer, appelés à changer les rapports de la société, et à exercer sur la civilisation une influence à nulle autre comparable jusqu'à ce jour.

Après avoir admiré cette vitesse à laquelle rien encore ne nous avait habitués, il doit paraître naturel que ceux dont les méditations se sont portées sur des effets analogues cherchent à se rendre compte de l'état réel de ce nouveau mode de transport et des perfectionnements dont il paraît susceptible.

Tout porte à croire que dans la construction des voitures destinées aux chemins de fer, on n'a pas assez persévéré dans la recherche des moyens qui permettent la facilité de mouvement que l'on obtient sur les routes ordinaires; trop préoccupés des grands travaux dont une partie pourrait être regardée comme la conséquence de l'imperfection des voitures, on doit penser que les ingénieurs ont négligé de s'attacher à corriger l'imperfection elle-même, et qu'ils ont trop facilement admis en principe le parallélisme rigoureux et inflexible des axes, et par suite la fixité des roues sur ces axes; je dis par suite, parce qu'il est évident qu'avec des axes invariablement parallèles, la mobilité des roues est inadmissible, comme trop favorable au déraillement.

Non-seulement cette disposition exclut pour les grandes vitesses l'emploi des courbes d'un rayon plus petit que 1000 mètres, et augmente par là les difficultés des tracés et les frais d'établissement des chemins, mais elle présente encore, dans l'application, des inconvénients graves, qui, s'ils sont moins apparents au premier abord, affectent cependant très sensiblement le prix des transports, parce que les dépenses qu'ils entraînent sont de tous les instants.

Parmi ces inconvénients, les plus notables sont :

1°. Le glissement forcé de l'une des roues dans les courbes, ou même dans les parties droites, lorsque les essieux ne restent pas dans la position normale à la direction du chemin (1);

2°. Le rapprochement disproportionné des axes, eu égard à la longueur des caisses, ce qui met une partie notable de celles-ci en porte-à-faux; et comme, par suite de cette disposition, la traction ne peut se transmettre que par les extrémités des châssis qui portent les caisses, la plus légère déviation imprime à chacune d'elles un mouvement d'oscillation horizontal ou de lacet qui, se communiquant incessamment d'une extrémité à l'autre du convoi, tend à donner à chaque essieu une position oblique à la direction des rails, et exige des roues capables de résister à ces efforts, d'autant plus violents que la vitesse

---

(1) Pour parer aux inconvénients graves du glissement dans les courbes, on a adopté, sur plusieurs chemins, des rails dont la surface supérieure, au lieu d'être horizontale, est inclinée du dehors en dedans des chemins, et l'on a donné aux jantes des roues la même inclinaison. Il s'ensuit que lorsque la force centrifuge fait approcher le train du rail extérieur, le diamètre de la roue qui porte sur celui-ci se trouve augmenté, tandis que celui de la roue opposée se trouve diminué; cette disposition pare en partie aux effets de glissement dus à l'inégalité du développement du chemin à parcourir par les deux roues, mais nullement au frottement des joues de ces roues que provoque le parallélisme des essieux; et, outre l'inconvénient de faire peser la charge sur deux plans inclinés, elle a encore celui d'augmenter très sensiblement les mouvements de lacet dans les parties droites.

est plus considérable; de là l'ébranlement et la fatigue des rails et des roues;

3°. Le rétrécissement de la voie ou le rapprochement des rails; ce qui enlève aux voitures une autre portion de stabilité dont elles ont tant besoin eu égard à la grande vitesse qui les anime (1);

4°. L'emploi des chaînes pour opérer la traction; ce qui occasionne les chocs qui affectent si désagréablement les voyageurs, oblige à faire des caisses résistantes et lourdes, soit pour recevoir les ressorts destinés à amoindrir ces chocs, soit pour résister aux secousses; ces chaînes en se tendant présentent, à l'instant du départ, une série de résistances vives dont les effets sont regrettables (2).

On ne peut croire que ces inconvénients, dont il est inutile de déduire toutes les conséquences, soient à jamais inhérents aux chemins de fer, et qu'il faille renoncer à leur faire décrire des courbes de rayons que n'excluent pas les effets de la force centrifuge.

Le danger de dérailler est la seule cause qui ait fait abandonner l'avantage de laisser tourner les roues sur les essieux, disposition que ferait desirer le glissement des roues dans les courbes, et la construction coûteuse des roues, qui doivent être d'une grande perfection, et d'un diamètre rigoureusement égal. Mais il est clair que tout obstacle cesserait si les essieux, au lieu de conserver leur parallélisme, pouvaient ou plutôt devaient prendre constamment une direction normale à la

(1) On établit dans ce moment, en Angleterre, des chemins dont la voie surpasse 2 mètres, dans le but d'augmenter la stabilité et la vitesse par l'emploi de roues motrices plus hautes, mais cela accroîtra le glissement des roues dans les courbes.

(2) On emploie, maintenant, un nouveau moyen pour communiquer le mouvement d'une caisse à la suivante; ce moyen ne leur permet pas de s'écarter entre elles sans faire effort sur un ressort placé à chaque extrémité de la tige qui transmet le mouvement, et remédie ainsi en partie au principal inconvénient des chaînes. Toutefois il est coûteux et ne détruit pas les effets de balancement des caisses.

courbe; car alors cette direction des essieux guiderait les roues, et les rails seraient soulagés de tous les frottements de côté et de ceux de glissement.

Pour atteindre ce but, je propose un moyen dont l'expérience seule, en grand et à grande vitesse, pourra établir le mérite: en petit et sur l'échelle du 5me, ce moyen offre le résultat desiré.

Les trains de voitures, dont la construction différerait très peu de celle qui est suivie pour les voitures ordinaires, se composeraient d'un avant-train et d'un arrière-train semblable au premier.

Chaque essieu, traversé par une cheville-ouvrière, n'aurait que la liberté de tourner horizontalement sur cette cheville.

Les roues montées à boîtes patentes et cylindriques, seraient libres sur les fusées.

L'avant-train et l'arrière-train seraient réunis par une flèche B, traversée par les chevilles ouvrières, portant deux lisoirs C, sur lesquels seraient placés les ressorts D.

Les voitures seraient unies entre elles par une tringle rigide E, traversée par la cheville ouvrière de l'arrière-train de la voiture qui précède, et par celle de l'avant-train de la voiture qui suit.

L'essieu d'avant-train de la première voiture recevrait la direction par le chemin lui-même (1). A cet effet, on placerait sous ce premier essieu A deux fourches dont les branches H, descendant à la hauteur des rails, porteraient quatre galets I, qui, touchant à peine les rails, donneraient sans effort, à l'essieu, la direction normale au chemin (2).

---

(1) Dans le cas où l'on renoncerait à lui donner cette direction par les soins d'un conducteur, ce qui exclurait la vitesse et qui serait d'une exécution trop facile pour avoir besoin d'être indiqué ici.

(2) Le principe consiste à regarder les deux rails comme deux coulisses entre les-

De cet essieu A, la direction symétrique serait communiquée à l'essieu A' de la même voiture, au moyen d'une chaîne K, croisée et passant sur deux couronnes L, fixées à chaque essieu et d'égal diamètre.

De la première à la seconde voiture, la traction s'opérant par la tringle E, la direction serait communiquée au premier essieu A″ de cette deuxième voiture, par une chaîne croisée M, laquelle passerait, d'une part, sur une couronne N, fixée à la flèche de la première voiture et traversée par la cheville ouvrière de l'arrière-train, et, d'autre part, sur une couronne O', d'un diamètre double, fixée à l'essieu de l'avant-train de la deuxième voiture et également concentrique avec la cheville-ouvrière (1).

Et ainsi de suite, d'essieu à essieu et de voiture à voiture.

Cette explication se réduit à représenter deux avant-trains ordinaires liés par des chaînes croisées.

---

quelles on ferait glisser un rectangle comme un tiroir; en fixant l'essieu sur ce rectangle, il est clair qu'il ne peut prendre de position oblique; mais, afin de diminuer les frottements de glissement du châssis contre les rails, on arme chacun de ses angles d'un galet horizontal en principe, mais légèrement incliné en fait pour permettre le passage par-dessus les aiguilles dans les croisements de voie.

(1) Pour communiquer successivement le mouvement à tous les essieux d'un convoi, j'observe que la flèche d'une voiture ne change de direction que lorsque le chemin en change lui-même; ainsi, en déterminant la relation qui existe entre l'angle que cette flèche décrit à chaque changement de direction avec sa direction précédente, et l'angle que chaque essieu décrit aussi pour passer de la première à la seconde sans cesser d'être perpendiculaire à la voie, on peut obtenir la convergence des essieux d'une voiture quelconque par la direction de la flèche de celle qui la précède.

Soit *Pl. I*, *fig.* 1, *cb* la flèche de la première voiture, *ba* le timon rigide qui unit cette première voiture à la seconde, *c*, *b* et *a* étant la cheville-ouvrière ou centre d'articulation du convoi.

Le convoi marchant en ligne droite, les essieux *rr*, *ss*, de la première voiture et *tt*, de la seconde, seront tous perpendiculaires à la ligne *cba*.

Si l'on suppose le convoi sur un cercle dont le centre est en o, la circonférence passant

On voit qu'en communiquant ainsi simultanément l'inflexion contraire aux deux essieux d'une même voiture, le second prend l'obliquité un peu avant son entrée dans la courbe, et qu'en transmettant la direction aux essieux de la deuxième voiture par la flèche de la première, ces essieux la reçoivent également un peu avant que cela ne devrait être.

Il eût été plus desirable que cette direction normale à la courbe à parcourir, ne se communiquât à chaque essieu qu'au fur et à mesure de son entrée dans cette courbe, et l'on y arriverait en plaçant sous chaque essieu l'appareil directeur que j'indique pour le premier des essieux du convoi; mais, outre que cela compliquerait considérablement le système, on perdrait l'avantage de la solidarité d'essieu à essieu et de voiture à voiture.

Tout porte à croire cependant que la pratique ne tiendra aucun compte de cette imperfection sous le point de vue théorique, et que toutes les courbes pourront être parcourues, quel que soit leur rayon de courbure, en se bornant à modifier la vitesse en raison des effets de la force centrifuge et de la hauteur du centre de gravité.

Si les expériences ne viennent pas détruire ces prévisions, les avantages que l'on pourra retirer d'un pareil système ne se borneront pas,

---

par les points b et a, les essieux ss, tt, devront prendre la direction $s's'$, $t't'$, en faisant avec leur direction première les angles égaux sbs', tat'.

Mais dans ce cas la flèche cb de la première voiture a dû prendre la position $c'b$ et décrire avec sa direction première l'angle cbc'.

Au point b menant la tangente bl on a l'angle $cbl = sbs'$.

Si l'on fait $cb = ba$ on aura l'angle $cbl = lbc'$, c'est-à-dire $cbc' = 2cbl = 2sbs'$; donc dans ce cas l'angle décrit par la flèche est double de l'angle décrit par les essieux; donc aussi, en donnant à la couronne fixée à la flèche un rayon moitié de celui de la couronne fixée à l'essieu, on obtiendra le mouvement convenable de ce dernier.

Si cb est plus grand ou plus petit que ba, ces rayons seront dans le rapport des angles cbl et cbc', *Pl. I* (*fig.* 2).

comme on le voit, à permettre de faire suivre aux tracés toutes les courbes possibles, et à augmenter la stabilité et la vitesse en élargissant la voie à volonté; mais les voitures, également applicables à tous les chemins déjà établis, pourront être plus légères et mieux suspendues; les roues, réduites à porter, pourront même être en bois, ce qui les rendra moins coûteuses, moins lourdes et plus douces pour la voie; par suite, la force de traction pourra être modifiée; les locomotives, qui écrasent les rails d'un poids qui semble ne plus avoir de bornes, pourront être rendues plus légères; tout devra donc ainsi concourir à diminuer les frais d'établissement, d'entretien et de locomotion.

C. ARNOUX.

Paris, le 15 janvier 1838.

SYSTÈME

DE

VOITURES POUR CHEMINS DE FER

DE TOUTE COURBURE;

PAR CLAUDE ARNOUX,

Ancien Élève de l'École Polytechnique, l'un des Administrateurs des Messageries générales Laffitte, Caillard et Cie.

RAPPORT

Fait à l'Académie des Sciences sur ce nouveau Système de voitures.

Commissaires, MM. ARAGO, DULONG, baron SÉGUIER, SAVARY, PONCELET rapporteur (1).

Les questions qui se rattachent à l'établissement des chemins de fer offrent, en ce moment, un si haut degré d'importance sous le point de vue économique et politique, que l'Académie ne pourra accueillir qu'avec infiniment d'intérêt et de bienveillance, toute tentative ayant pour objet le perfectionnement d'une industrie qui vient, pour ainsi dire, de naître chez nous, et qui réclame encore de si nombreuses améliorations. Mais, comme on ne saurait juger, *à priori*, de l'avenir de semblables perfectionnements à l'aide du secours seul de la théorie ou même d'expériences établies sur une échelle plus ou moins étendue, puisque

(1) Extrait des *Comptes rendus des séances de l'Académie des Sciences*, séance du 2 avril 1838.

le temps est un élément indispensable du succès, elle nous permettra de ne nous prononcer qu'avec la réserve que commande l'importance de la matière.

On doit distinguer, dans tout établissement de chemins de fer, trois choses également essentielles : la voie, les moyens de locomotion et ceux de transport ou les véhicules.

La voie est formée d'un terrassement à l'instar de celui de nos routes ordinaires, et de barres de fer, en saillie, nommées *rails*, placées à peu près bout à bout, et supportées, vers ces bouts, par des dés en pierre de taille, ou par des traversines en bois, contre lesquels elles sont solidement fixées au moyen de supports en fonte, nommés *chairs*. Tant qu'on ne sera point parvenu à donner à ce système une solidité, une stabilité comparables à celle des supports de nos bonnes machines, on ne doit pas s'attendre à des constructions durables et économiques sous le point de vue de l'entretien. Comment veut-on, en effet, que des terres fraîchement remblayées et susceptibles par conséquent de tassements irréguliers, que de faibles dés en pierre ou de simples traversines en bois, espacés de loin en loin (1), et qui laissent aux intervalles des rails toute liberté de fléchir et par conséquent de vibrer transversalement ou verticalement; comment veut-on, je le répète, que la stabilité d'un pareil assemblage ait quelque durée? Et dès-lors que peut devenir le système des véhicules soumis à tous les chocs et vibrations qui naissent de la flexibilité, des inégalités de résistance de la voie? Le besoin d'entrer promptement en jouissance et l'accroissement de la dépense première, ne sauraient être des obstacles absolus à la consolidation d'un système qui entraîne, par lui-même, à de si grands sacrifices. La tendance des constructeurs à augmenter, de plus en plus, les dimensions des rails, des dés et des traversines, en est une preuve manifeste, et l'on peut prévoir, d'après les faits de l'expérience, qu'elle n'est point prête encore à se modifier.

On a dit, il est vrai, que les rails seraient promptement ruinés sous

(1) Au chemin de fer de Berlin à Postdam, dont la direction est confiée au savant rédacteur du *Journal de Mathématiques* allemand, M. Crelle, ces traversines en bois ont été remplacées par d'autres en granite, et c'est une amélioration véritable, mais qui ne détruit nullement les inconvénients inhérents aux oscillations transversales des rails.

l'influence des chocs et vibrations résultant de l'effet de leur contact avec des corps durs et inébranlables; mais les faits d'expérience cités à ce sujet ne prouvent rien contre un système de rails et de supports unis, d'une manière invariable, par l'intermédiaire d'une matière élastique et compressible, avec des massifs continus, en bois ou en pierre de taille, à l'aide d'épaulements et de boulons convenablement multipliés, et qu'on resserrerait de plus en plus à mesure qu'ils prendraient du jeu (1). Car nous ne voyons pas que les coussinets et les crapaudines de nos machines les plus puissantes et les plus soumises aux chocs, soient susceptibles d'entrer en vibration autrement que quand on laisse prendre aux écrous des vis de pression, un jeu qui permette aux parties en contact d'acquérir des vitesses finies et contraires, seules capables de compromettre la solidité du système.

Nous avons cru utile d'appeler l'attention sur cette influence du jeu et de la liberté de flexion ou de déplacements quelconques, laissés aux parties d'un système de cette espèce; influence contre laquelle, ce nous semble, on ne s'est pas assez mis en garde jusqu'à présent, malgré tous les inconvénients qui en résultent pour la locomotion des pesantes voitures qui parcourent les chemins de fer. Nous résumerons volontiers notre opinion à ce sujet, en disant que tels qu'on les établit maintenant, on ne doit considérer la plupart de ces chemins que comme des constructions provisoires, destinées, par la suite, à être remplacées par d'autres plus stables.

A l'égard des locomotives, on doit reconnaître que si, dans l'état actuel d'imperfection des rails, elles ont rendu déjà de si éminents services, elles seront capables d'en rendre de plus grands encore, par la suite, quand l'attention des constructeurs aura été suffisamment fixée sur cet objet. D'ailleurs, les intéressantes recherches expérimentales de M. de Pambour, et les résultats pratiques qu'il en a déduits, mettent, dès à présent, nos ingénieurs en mesure de calculer et de prévoir, à l'avance, le genre, la force du moteur qui conviennent à chaque cas;

---

(1) M. Brunnel, correspondant de l'Académie des Sciences à Londres, vient, nous assure-t-on, de projeter l'établissement d'un nouveau chemin de fer d'après un système de construction analogue. Cette circonstance pourra, tout au moins, servir de justification aux opinions émises par le rapporteur.

et ces résultats devront être adoptés et maintenus jusqu'à ce que de nouveaux perfectionnements ou de nouveaux changements apportés à la constitution des machines, réclament de nouvelles et spéciales expériences.

J'arrive aux perfectionnements dont sont susceptibles les véhicules eux-mêmes, perfectionnements auxquels a trait particulièrement le système imaginé par M. Arnoux, dont nous sommes chargés de rendre compte à l'Académie.

Dans le dispositif actuel, les voitures ou waggons sont supportés par quatre roues égales, à oreilles ou rebords saillants vers le dedans des rails; ces roues, tout en fer et en fonte, sont montées sur deux essieux parallèles, faisant corps avec chaque couple d'entre elles; ainsi, les essieux seuls tournent dans des coussinets invariablement fixés au train, tandis que, dans les voitures ordinaires, ce sont, au contraire, comme on sait, les roues qui tournent autour des fusées d'essieux, dont l'un est fixé solidement au train de derrière, tandis que l'autre peut tourner librement autour de la cheville ouvrière du train de devant.

Ce changement de dispositif est motivé, dit-on, sur ce que l'usé des boîtes ou des fusées du système ordinaire, amène bientôt un jeu inévitable, qui donne au plan des roues la liberté d'osciller ou de prendre diverses inclinaisons capables de faire varier la largeur de leur *voie* propre; mais on conçoit que cet inconvénient peut être atténué à volonté par l'allongement, au dehors, du corps de fusée, favorisé par l'écuanteur des roues, et qu'il ne pourrait acquérir de gravité qu'autant que l'inclinaison devînt assez forte pour permettre à la jante, qui offre une certaine largeur, d'échapper au rail qui, lui-même, en possède une très appréciable.

L'usage des voitures ordinaires, soumises à de si fortes charges et secousses, n'autorise nullement de telles craintes, et, d'ailleurs, ce désavantage des roues mobiles autour de leurs essieux, est bien compensé par le défaut qu'ont celles à mouvements solidaires, de ne pouvoir tourner, dans les portions circulaires, sans que l'une des deux, au moins, je veux dire celle qui avoisine le centre de courbure, ne soit obligée de glisser en même temps qu'elle tourne, ce qui donne lieu à un frottement de première espèce dont la vitesse virtuelle et relative, quoique très faible, n'en mérite pas moins d'être prise en considération.

Ce sont, sans doute, ces motifs qui ont empêché M. Arnoux de s'arrêter aux objections précédentes dans l'adoption de son nouveau système, dont les roues mobiles sont d'ailleurs exécutées en bois et recouvertes de bandes de fer. La haute expérience qu'il a acquise dans tout ce qui concerne la construction des voitures publiques, serait, à cet égard, pour vos Commissaires, une suffisante présomption de réussite, si rien, dans les questions de cette espèce, pouvait suppléer au *criterium* d'une application en grand, suffisamment prolongée.

Avant d'en venir à la description du dispositif qui distingue plus particulièrement le système de M. Arnoux de tous ceux qui ont été proposés ou mis en usage jusqu'à ce jour, nous devons encore insister sur le mode par lequel les waggons ordinaires se transmettent le mouvement de proche en proche; car il peut être, contre ce nouveau système, la source d'une autre objection en apparence très grave. En effet, dans l'état actuel des choses, les waggons sont simplement liés entre eux par des chaînes ou des tiges, assez courtes, armées de ressorts, qui leur laissent la liberté de varier de distance entre certaines limites. Ce dispositif, dit-on encore, a pour objet de permettre au moteur de communiquer le mouvement et de vaincre les résistances au départ, celle de l'inertie surtout, d'une manière successive ou l'une après l'autre, encore bien qu'elle soit incapable de vaincre, à ce premier instant, leurs influences réunies; en un mot, elle donne un plus grand champ d'activité à la puissance en lui permettant de développer, sur les premiers trains, une plus grande quantité d'action ou de force vive.

Quoique le motif fondé sur l'influence de l'inertie, lors du premier ébranlement, n'ait d'importance que sous le rapport de la durée plus ou moins grande de l'action motrice; quoique les expériences de Coulomb, confirmées depuis par celles de M. Morin, tendent à prouver que le frottement des substances métalliques est le même à l'instant du départ qu'à l'état de mouvement, cependant on doit admettre que le système des waggons, par suite de la flexibilité et des inégalités de la voie, ou d'une cause d'adhérence accidentelle quelconque, peut, dans beaucoup de cas, offrir une résistance initiale supérieure à la résistance moyenne, même en y comprenant celle de l'air; et, sous ce point de vue, nous accordons volontiers qu'il y ait de l'avantage à rendre les voitures indépendantes au moyen de chaînes de tirage; mais il résulte de l'adoption d'un pareil dispositif, des inconvénients si graves sous le rapport des chocs et des secousses éprouvées par les waggons à chaque accélération ou ralentissement de vitesse; ces inconvénients sont si peu évités au moyen des tampons ou ressorts dont on arme leurs extrémités, enfin il est si facile de suppléer, pour ce premier instant, à l'insuffisance d'action de la force motrice ou du glissement direct des roues de la locomotive sur les rails, que nous ne pensons pas qu'on puisse tirer de là une objection sérieuse contre l'adoption d'un système dans lequel les waggons seraient liés par des tiges rigides ou espèces de timons susceptibles seulement de se mouvoir autour de chevilles ouvrières fixées à leur arrière et à leur avant-trains, ainsi que le propose M. Arnoux, dans le dispositif qui nous occupe. Or l'emploi de semblables timons a non-seulement pour lui l'avantage d'un mode de liaison plus parfait, mais il a, en outre, celui d'occasionner à la force de tirage, sur les parties courbes de la voie, une moindre obliquité que celle qui résulte du système le plus en usage, où les waggons agissent par les chaînes des angles opposés au centre de courbure de cette voie.

On sait que l'un des plus graves défauts des voitures à axes parallèles et invariables, c'est de donner lieu à un accroissement de résistance considérable dans les tournants, résistance qui, réunie à l'action de la force centrifuge sous de grandes vitesses, contribue, pour beaucoup, à augmenter le nombre des accidents ordinairement attribués à cette dernière cause seule. En effet, par suite de la tendance de chaque waggon à conserver la même direction de mouvement, et par suite de l'obliquité que prend forcément, dans un pareil système, le plan des roues par rapport aux éléments concaves du chemin en contact avec leurs rebords intérieurs, il en résulte, non-seulement que ces rebords produisent, contre le rail opposé au centre de courbure, un frottement d'autant plus considérable que les points où s'exerce la pression sont plus éloignés de l'axe de rotation sur l'essieu, mais qu'aussi celle de ces roues qui marche en avant de l'autre, a une tendance continuelle à pivoter autour du point qui lui sert d'appui sur le rail, qu'elle écharpe tout au moins, si elle ne parvient à le surmonter entièrement, aidée en cela par l'action de la force centrifuge, que contre-balance, en partie, celle du tirage et du frottement transversal des roues sur les rails.

Ces défauts, réunis à l'accroissement considérable des résistances qui proviennent des diverses causes déjà mentionnées, ont nécessité, en dernier lieu, un tel agrandissement du rayon des parties courbes, que les difficultés dans le tracé des chemins de fer, et l'augmentation de dépense qui en résulte, peuvent être comparées à celles qu'entraîne avec elle, dans les pays montueux, la nécessité même de réduire la pente du profil à la limite de $0^{m},005$ par mètre, sous laquelle les trains peuvent se maintenir sensiblement en équilibre par la seule action des résistances.

Pour parer à ces inconvénients d'une gravité extrême, on a, jusqu'à présent, imaginé divers moyens sur lesquels nous croyons également utile de fixer un instant l'attention de l'Académie.

D'abord on a imaginé d'abaisser, dans les parties courbes, le niveau supérieur du rail intérieur par rapport à celui du rail extérieur, afin de contre-balancer l'action de la force centrifuge par celle de la gravité; mais ce palliatif ne saurait convenir à toutes les vitesses, et nous avons vu que l'action dont il s'agit n'est point à beaucoup près la cause unique, la cause efficiente des accidents et des résistances qui naissent de la courbure de la voie et du parallélisme des axes.

Ensuite, on a essayé de donner aux jantes des roues une forme conique dont la pente, dirigée du dehors vers le dedans, devait, lors du parcours des lignes courbes, contraindre les roues opposées au centre à rouler sur la plus grande des circonférences de la jante, et celles qui en sont les plus voisines, à rouler, au contraire, sur la plus petite de ces circonférences. Il est évident que cette différence de rayons des parties agissantes des roues, non-seulement produisait l'effet d'une véritable contre-pente dirigée du dehors vers le dedans du cercle parcouru, mais encore remédiait partiellement aux défauts déjà signalés des trains à essieux parallèles et à roues égales.

En effet, tout système à essieux parallèles, et à couples de roues inégales, tend évidemment par lui-même à décrire un chemin circulaire d'autant plus petit que la différence de ces roues est elle-même plus considérable; et l'on conçoit très bien que de semblables roues, montées sur des essieux qui convergeraient au centre commun des circonférences qu'elles tendent à décrire, rouleraient aussi librement sur leurs rails circulaires que le fait un cône posé simplement sur un plan de niveau autour de son sommet; mais il s'en faut de beaucoup que les choses se passent ainsi dans le système qui vient d'être décrit, et les inconvénients, l'insuffisance de la conicité des jantes, pour les courbes à petits rayons, ne sauraient être mis en doute.

Pour suppléer à cette insuffisance, M. Laignel, sans rien changer d'ailleurs au système de construction déjà établi, et en partant du même principe dont il a mis la vérité à l'abri de toute contestation; M. Laignel, disons-nous, a imaginé un dispositif ingénieux qui permet, dans les tournants, d'agrandir momentanément le rayon du cercle de contact des roues extérieures au centre de courbure, en les faisant rouler sur le rebord en saillie dont elles sont accompagnées; et ce simple changement lui a permis de faire parcourir aux voitures de son système des courbes qui n'ont pas plus de 30 à 35 mètres de rayon, avec des vitesses de 6 à 7 lieues à l'heure, quand les rails ne sont pas munis d'accotoires, et de 12 à 13 lieues quand il en sont munis (1). On ne saurait douter, d'après les essais qui en ont été faits partiellement, soit en petit, soit en grand, et d'après les éloges dont il a été l'objet de la part des commissaires de la Société d'Encouragement, qu'il ne puisse être substitué avantageusement au système actuellement en usage, tant sous le rapport de la diminution des accidents que sous celui de l'affaiblissement des résistances occasionnées par la courbure des rails; mais on conçoit, d'un autre côté, que les voitures dont il se compose ne pourraient parcourir à toutes vitesses des cercles très différents de ceux qui conviennent à leur mode particulier de construction, sans qu'il en résultât des inconvénients plus ou moins analogues à ceux de l'ancien système. Aussi M. Laignel, éclairé par l'expérience, a-t-il jugé à propos, en dernier lieu, de limiter à 50^m le rayon des parties circulaires de la voie qui, dans le cas des tracés par de grandes courbes, serait formée d'un nombre suffisant de portions droites raccordées par des arcs au rayon constant de 50^m. Ce même rayon, d'après des expériences répétées en présence de MM. Arago, Coriolis et moi, a suffi, sous des vitesses variables, dont la moyenne a été

(1) *Voyez* l'extrait du Rapport fait, à ce sujet, par M. Théod. Olivier, à la *Société d'Encouragement pour l'industrie nationale* (35me année du *Bulletin*, 1836, p. 296), rapport qui a été, de la part de l'auteur, l'objet d'un Mémoire étendu et publié à part, sur le calcul des résistances dans le système Laignel.

d'environ $9^m,26$ par seconde, ou 8 lieues et demie par heure, pour empêcher les roues d'un waggon marchant isolément de manifester une tendance à s'échapper des rails. Nous ferons néanmoins remarquer, sans aucunement contester les avantages du système pour éviter le déraillement dans les parties courbes, que, même dans les hypothèses favorables dont il s'agit, les inconvénients provenant de l'accroissement de résistance dû au parallélisme et à la fixité des axes des voitures ordinaires, ne sont point entièrement évités, et qu'ils tendent à croître plus ou moins rapidement avec l'intervalle de ces axes, ou essieux, avec la diminution du rayon des parties courbes et la vitesse du mouvement (1).

Ces motifs portent à croire que, nonobstant les perfectionnements dont on est déjà redevable à M. Laignel, la découverte d'un dispositif qui pourrait, entre certaines limites de vitesse, se plier à toutes les formes de tracé, à toutes les inflexions et à tous les changements de courbure des routes ordinaires, serait susceptible d'être accueilli favorablement par les ingénieurs et constructeurs de chemins de fer. Or, tel est le but que s'est proposé M. Arnoux dans le système qu'il a présenté à l'Académie.

Pour l'atteindre, il renonce entièrement au parallélisme et à la fixité des essieux à roues accouplées; il adopte, comme on l'a dit, le système des trains de voitures ordinaires, unis par une flèche à fourche ou à trois branches, et auxquels il conserve de plus la faculté de tourner sur des chevilles ouvrières fixées aux lisoirs supérieurs qui supportent la caisse par l'intermédiaire des ressorts. Mais, comme une indépendance aussi complète entre les mouvements de rotation propres des essieux pourrait nuire à l'exactitude de la direction des roues sur les rails, qui n'est qu'imparfaitement assurée par les rebords dont elles sont armées intérieurement, l'auteur a imaginé de rendre ces mouvements solidaires par le moyen de tringles en fer qui se croisent sous la flèche et sont

---

(1) D'après le résultat des expériences faites en présence d'une Commission d'ingénieurs des ponts-et-chaussées, et soumises au calcul par M. Maniel, la résistance du waggon de M. Laignel, qui n'est que $\frac{1}{200}$ environ de la charge totale pour la partie rectiligne de la voie, s'élèverait à $\frac{1}{22}$ pour la partie courbe, ou, à très peu près, au décuple.

terminées par des bouts de chaînes, dont une partie vient s'enrouler sur les contours extérieurs de deux anneaux circulaires ou couronnes directrices en bois, de même rayon, montées sur les essieux et qui se meuvent avec eux autour des chevilles ouvrières. Le système de deux cercles auxquels on mènerait des tangentes intérieures communes donnera une idée de ce dispositif très simple, si l'on suppose de plus les extrémités des chaînes solidement fixées sur chaque anneau, au moyen de brides et de boulons de tirage, et qu'on imagine en même temps ces anneaux surmontés d'autres couronnes ou *sassoires* concentriques, sous lesquelles elles glissent à frottement doux, et qui fassent corps avec la flèche, les lisoirs supérieurs et la caisse, à peu près comme on l'observe dans le dispositif de l'avant-train mobile des voitures suspendues.

Dans ce dernier dispositif, l'essieu de derrière étant fixé invariablement à la caisse et à la flèche, mobile seulement autour de la cheville ouvrière de l'avant-train, celui-ci ne peut faire tourner l'autre qu'en cheminant et forçant la roue de derrière, voisine du centre de rotation général, à pivoter sur elle-même autour de son point de contact avec le sol, circonstance qui aurait des inconvénients pour les chemins de fer, mais qui n'a pas lieu dans le dispositif adopté par M. Arnoux, attendu que, par suite de l'égalité des couronnes directrices de l'arrière et de l'avant-trains, celui-ci ne peut décrire un certain angle sans qu'aussitôt l'autre ne décrive, en sens contraire, un angle égal, qui oblige ainsi les roues attenantes à se mettre sur la direction du chemin circulaire auquel l'essieu de devant est déjà rendu perpendiculaire, à l'aide de combinaisons dont nous allons essayer de donner une idée.

A l'égard de la voiture qui chemine en tête de toutes les autres, M. Arnoux n'a pas trouvé de meilleur moyen d'en diriger l'essieu d'avant-train que l'emploi de quatre galets qui s'appuient contre les bandes intérieures des rails, et sont fixés aux angles d'un rectangle formé par des étriers en fer, faisant corps avec cet essieu.

Un pareil dispositif aurait évidemment de graves inconvénients s'il devait s'appliquer à l'avant-train d'une voiture fortement chargée; car la pression faisant naître sur la sassoire ou les deux couronnes frottantes de ce train une résistance très grande, et dont le bras de levier est très comparable à celui de la pression qui agit sur les galets, ceux-ci se trouveraient soumis à des efforts violents qui pourraient entraîner des ruptures dangereuses, et qui, dans tous les cas, donneraient lieu à d'énormes frottements et à un prompt usé des axes. Mais on doit admettre, au contraire, que ces inconvénients seraient à peu près annulés, si, comme le propose l'auteur, on avait soin de ne charger que très légèrement la première voiture.

Le procédé à l'aide duquel la direction est donnée successivement aux essieux de devant des autres waggons se fonde sur un principe d'autant plus remarquable, qu'étant lui-même très simple et à l'abri des reproches dont il vient d'être parlé, il établit entre les trains voisins des voitures consécutives un mode de liaison entièrement semblable à celui qui unit entre eux les essieux d'une même voiture, sauf que la flèche est ici remplacée, comme on l'a déjà dit, par une tringle, un timon libre de tourner autour des chevilles ouvrières, et que la couronne de l'arrière-train de chaque voiture a un diamètre moitié de celui de l'avant-train de la suivante, et forme corps, non plus avec l'essieu, mais avec la flèche, le lisoir, etc., auxquels il correspond et sert de sellette, tout en glissant circulairement sur le système inférieur, formé de cet essieu et de sa grande couronne.

Il résulte, en effet, de ce mode de liaison de deux trains consécutifs, mais appartenant à des voitures différentes, que quand le timon qui les unit est forcé de décrire un certain angle par rapport à la flèche ou à l'axe de la première voiture, l'essieu de la suivante est contraint de décrire, en sens contraire, un autre angle égal à sa moitié, ce qui ramène encore cet essieu à la direction perpendiculaire au cercle des rails, comme cela paraîtra évident si l'on admet, conformément à ce qui a lieu ici, que la distance entre les chevilles ouvrières consécutives soit la même pour toutes les voitures du convoi (1).

Si l'on a bien saisi l'explication que nous venons de donner du dis-

---

(1) S'il en était autrement, le rapport des rayons des couronnes directrices qui appartiennent à chaque timon devrait changer, et être pris égal à celui de l'angle formé extérieurement par le timon et la flèche qui précèdent, ramenés sur le cercle moyen de la voie, à la moitié de l'angle au centre qui est soutendu par le même timon sur la circonférence de cette voie; mais alors aussi les rayons des couronnes directrices deviendraient fonctions du rapport de la longueur de chaque timon ou de chaque flèche, au rayon du cercle parcouru.

positif adopté par M. Arnoux, on verra que, lors du cheminement des voitures sur une direction rectiligne, tous les trains de roues conservent rigoureusement le parallélisme et la fixité qui distinguent le système ordinaire, à cela près que les ondulations dans le sens transversal, et les à-coups résultant du défaut de liaison, y sont, pour ainsi dire, impossibles; mais que, dès l'instant où l'avant-train de la voiture qui marche en tête du convoi entrera dans la portion circulaire du chemin, l'arrière-train de cette voiture et, par suite, les deux trains de la voiture suivante, commenceront aussitôt à tourner, en prenant ainsi progressivement une direction de plus en plus oblique par rapport à la portion rectiligne de ce chemin; de plus, il est évident que la même chose arrivera successivement à tous les arrière-trains des voitures, à mesure que les avant-trains correspondants parviendront, à leur tour, au point de raccordement des deux parties de route.

L'obliquité dont il s'agit a une limite fort restreinte, qui dépend à la fois de la distance entre les trains consécutifs et du rayon du tournant ou du cercle de raccordement de la voie; mais elle n'en soulève pas moins contre le système de M. Arnoux une objection que nous avons cru devoir signaler, et qui consiste en ce que, d'une part, cette obliquité engendre un léger frottement de glissement contre les rails, d'une autre, qu'elle donne lieu à une tendance des roues de l'arrière-train à les surmonter; circonstance tout-à-fait analogue à celle qui se présente, pour le système ordinaire, dans les tournants, à cela près qu'ici l'obliquité, la déviation des roues se fait d'une manière progressive, et ne dure qu'un instant pour ainsi dire imperceptible; car sa période d'accroissement et de décroissement se trouve accomplie, pour chaque voiture, aussitôt que l'arrière-train atteint, à son tour, la portion courbe du chemin; elle n'a jamais lieu que pour trois essieux consécutifs du convoi, et elle ne se reproduit, en sens inverse, que quand les avant-trains quittent successivement la direction curviligne de ce chemin pour rentrer dans une portion rectiligne. Enfin, ces légères déviations, résultat nécessaire du changement brusque de courbure de la voie, peuvent être atténués, à volonté, au moyen d'un tracé convenable de celle-ci, et vos Commissaires ne les considèrent point comme un motif de reproche sérieux.

On remarquera, au surplus, qu'une fois engagé dans la portion circulaire du chemin, quel qu'en soit le rayon, le convoi tend à conserver, par lui-même, cette fixité de liaison qu'on y observe pour les portions rectilignes, tandis que les roues ainsi contraintes à cheminer dans une direction tangentielle, n'éprouvent désormais ni aucun frottement de glissement sur elles-mêmes, ni aucune tendance propre à surmonter les rails, la seule action de la force centrifuge se réduisant ici : 1° à une tendance à soulever, à faire tourner les voitures autour des points d'appui des roues extérieures; 2° à un effort horizontal qui tend à faire appuyer le rebord de ces mêmes roues contre le revers intérieur des rails.

Or, pour que les effets de la première tendance soient empêchés, et ils le sont déjà beaucoup par la solidarité des voitures du convoi, il suffit que la hauteur due à la vitesse de circulation ne surpasse point le quart de la quatrième proportionnelle à la hauteur du centre de gravité de la charge au-dessous du point d'appui des roues, à la largeur moyenne et au rayon de courbure de la voie; et, pour que les effets de la seconde le soient également, et que par conséquent le frottement latéral du rebord des roues auquel elle donnerait lieu devienne impossible, il suffit que cette même vitesse n'excède pas celle qui est due à une hauteur mesurée par la moitié du rayon du cercle parcouru, multiplié par le coefficient numérique de ce frottement. D'ailleurs, de ces deux conditions, la première doit être impérieusement et surabondamment remplie dans tout système de véhicules, et la seconde pourra toujours l'être, sinon rigoureusement, du moins d'une manière très approximative, par un agrandissement convenable du rayon des courbes. Aussi, à part les inconvénients inévitables et fort peu graves qui peuvent tenir à l'obliquité même de la direction du tirage, et que contre-balancent le frottement transversal des roues et l'action de la force centrifuge, on n'aperçoit, dans le nouveau système, aucune de ces causes d'accident et de résistances qui ont frappé tous les ingénieurs dans le mode actuel de construction des voitures qui circulent sur les parties courbes des chemins de fer.

Quant à la difficulté de mettre en mouvement ou d'arrêter un pareil système de voitures rendues solidaires, comme le propose M. Arnoux; quant aux objections et aux inconvénients qui peuvent naître de la légère obliquité des roues, à l'entrée ou à la sortie des courbes; de la

3

nécessité de diriger la première voiture à l'aide de galets; du défaut même de stabilité qu'on pourrait reprocher aux caisses, eu égard à la faible étendue des surfaces d'appui; enfin, du mode d'exécution des chaînes et couronnes directrices, ces inconvénients et ces objections, je le répète, ne sauraient, dans notre opinion, être considérés comme des obstacles tels qu'on dût renoncer à l'adoption du nouveau système dans l'établissement des chemins de fer. Et, si d'ailleurs il était permis de se laisser séduire par l'élégante simplicité d'un pareil moyen de solution, nous en dirions volontiers autant de la nécessité où se trouve l'inventeur, de consolider la flèche et les brancards courbes des voitures pesamment chargées de son système, notamment des locomotives, par un troisième essieu fixé au milieu de l'intervalle des trains, et porté sur deux roues en saillie, à larges jantes avec ou sans rebords; mais les obstacles imprévus qu'un pareil dispositif peut amener, soit sous le rapport de la locomotion, soit sous celui de l'établissement des machines motrices elles-mêmes, nous imposent une complète réserve, à défaut de toute expérience directe et de toute exécution en grand.

L'Académie remarquera, en effet, que M. Arnoux n'a jusqu'ici présenté à ses Commissaires qu'un modèle de convoi et de chemin de fer à l'échelle du $\frac{1}{5}$, qui, du reste, leur a paru remplir, à différentes vitesses, toutes les conditions que requiert un pareil système, et que nous avons précédemment indiquées. Pour prévenir, de plus, les réclamations auxquelles pourrait donner lieu l'apparente similitude de ce même système avec celui des voitures à essieux mobiles, d'abord inventées par sir Sidney Smith, et perfectionnées, en dernier lieu, par M. Dietz, nous croyons devoir ajouter que celles-ci, d'ailleurs principalement destinées au service des routes ordinaires, et encore bien qu'elles présentent des propriétés analogues sous le rapport de la facilité qu'elles ont de tourner, en convoi, sous les plus petits angles, se distinguent des précédentes par un mode de solution tout-à-fait différent, et qui consiste dans l'accouplement de tiges articulées, en fer, servant à unir les trois essieux des trains dont elles sont composées, et dont l'intermédiaire présente seul de la fixité.

En résumé, vos Commissaires sont d'avis que le dispositif de voitures proposé par M. Arnoux mérite l'attention des ingénieurs chargés de l'établissement des chemins de fer, en ce que ses avantages pour prévenir les accidents et diminuer les résistances aux courbes de raccordement des routes à petits rayons ne sauraient, en eux-mêmes, être mis en doute, et qu'il paraît devoir rendre des services réels à l'industrie, quand bien même on en restreindrait l'application aux légers waggons destinés au transport des voyageurs. En conséquence, nous avons l'honneur de vous proposer d'accorder à l'auteur l'approbation que vous ne refusez jamais aux inventions qui joignent à un but d'utilité réel, à des moyens neufs et ingénieux, des chances suffisantes de réussite. Nous émettons, en outre, le vœu que ses tentatives pour perfectionner le système de véhicules actuellement en usage sur les chemins de fer puissent être soumises prochainement à un essai en grand, propre à en démontrer les avantages d'une manière plus complète encore et plus positive.

Les conclusions de ce rapport ont été adoptées.

RAPPORT

Fait à M. le Sous-Secrétaire d'État des Travaux publics, sur un nouveau système de voitures pour chemins de fer de toute courbure, inventé par M. Arnoux (*).

(Commissaires, MM. Kermaignant, Defontaine et Fèvre rapporteur.)

Objet du rapport. — Par arrêté du 20 juillet dernier, M. le Ministre des Travaux publics a nommé une commission de membres du conseil général des Ponts-et-Chaussées pour examiner le système de voitures que M. Arnoux a imaginé, et qu'il croit propre à circuler dans les courbes à petit rayon des chemins de fer. Cette commission était composée de MM. Minard, Vallée et Defontaine.

M. Vallée ayant été obligé de s'absenter pour raison de santé, et M. Minard étant parti pour une tournée d'inspection, ces deux inspecteurs divisionnaires ont été remplacés par MM. Fèvre et Kermaingant.

Description générale du système. — Chaque voiture est composée d'un avant et d'un arrière-train. Dans chaque train, l'essieu est traversé par une cheville ouvrière autour de laquelle il peut tourner. Une couronne horizontale qui y est attachée a même axe que la cheville ouvrière. Les roues sont libres sur les fusées.

Les deux trains sont réunis par une flèche à branches, aux extrémités de laquelle sont attachés, en-dessous, des plateaux ou sassoires concentriques aux chevilles ouvrières, et qui tournent à frottement doux sur les couronnes.

Des chaînes attachées sous la circonférence des couronnes, de manière à se croiser sur la flèche, unissent les deux essieux, les obligent à se mouvoir simultanément et en sens contraire autour des chevilles ouvrières, en faisant des angles égaux avec l'axe de la voiture.

Si donc on fait rouler cette voiture sur un railway circulaire, de manière que le premier essieu soit toujours normal à l'axe du chemin, le second essieu sera normal aussi au même axe.

(*) Extrait des *Annales des Ponts-et-Chaussées.*

M. Arnoux fait diriger ce premier essieu par le chemin lui-même, au moyen de quatre galets ou petites roues qui roulent sur les faces intérieures des rails, et qui sont à l'extrémité de fourches attachées au-dessous de l'essieu.

Les voitures sont liées l'une à l'autre : 1° par une espèce de timon traversé par la cheville ouvrière de l'arrière-train de la voiture qui précède, et par celle de l'avant-train de la voiture qui suit; 2° par deux chaînes qui se croisent sous le timon, et qui sont attachées, d'un bout, à la circonférence de la couronne de l'avant-train de la seconde voiture, et de l'autre bout, à la circonférence d'une couronne plus petite, fixée sous la flèche de la première voiture et traversée par la cheville ouvrière de l'arrière-train.

Ainsi, il y a trois couronnes horizontales à chaque voiture : deux de même rayon sont fixées aux essieux, et une autre d'un rayon plus petit fait corps avec la flèche à l'arrière-train.

Il résulte de cette dernière disposition que la flèche de la première voiture ne peut changer de direction sans produire en même temps le changement de la direction des essieux de la seconde voiture; et, en déterminant convenablement le rayon de la petite couronne, les essieux de la seconde voiture seront, comme ceux de la première, normaux à la courbe que les deux voitures parcourent. Par exemple, dans le cas le plus simple, qui sera celui de la pratique, les timons étant égaux aux flèches, et les couronnes des essieux de toutes les voitures ayant mêmes rayons, les anneaux des flèches doivent être moitié plus petits que ceux des essieux.

La traction s'opérant par les flèches et les timons qui tournent autour des chevilles ouvrières, et l'inclinaison des essieux ayant lieu par le moyen des chaînes croisées qui sont attachées aux couronnes, toutes les voitures doivent venir successivement passer sur les traces de la première.

M. Arnoux observe : 1° qu'en communiquant ainsi simultanément l'inflexion contraire aux deux essieux d'une même voiture, le second prend l'obliquité un peu avant son entrée dans la courbe, et qu'en transmettant la direction aux essieux de la deuxième voiture par la flèche de la première, ces essieux la reçoivent un peu avant que cela ne devrait être; 2° que pour éviter ce petit inconvénient, on pourrait supprimer toutes les chaînes, et placer sous chaque essieu l'appareil directeur qui est fixé au premier; mais, outre que cela compliquerait considérablement le système, on perdrait l'avantage de la solidarité d'essieu à essieu et de voiture à voiture; 3° que tout porte à croire que la pratique ne tiendra pas compte de cette imperfection théorique, et que toutes les courbes pourront être parcourues, quel que soit leur rayon de courbure, en se bornant à modifier la vitesse en raison des effets de la force centrifuge et de la hauteur du centre de gravité.

M. Arnoux a fait un modèle de convoi et de chemin de fer à l'échelle d'un cinquième, et les huit voitures de ce convoi ont, à différentes vitesses, parcouru, aussi bien qu'il pouvait le desirer, les portions rectilignes et les différentes courbes du chemin; et même sur un plancher, sans êtres guidées par des rails, toutes les voitures passent sur les traces de la première, quelles que soient d'ailleurs les sinuosités qu'on leur ait fait parcourir au moyen d'un timon ordinaire monté sur son avant-train.

M. Arnoux a soumis son système de voitures à l'Académie des Sciences. Une Commission, composée de MM. Arago, Dulong, Séguier, Savary et Poncelet, a examiné ce système et le modèle de voitures, et son rapport, rédigé par M. Poncelet, a été lu dans la séance du 2 avril 1838. Ce rapport a été imprimé la même année, avec l'exposé que M. Arnoux avait fait de son système.

M. Poncelet a indiqué les avantages et les inconvénients du système de M. Arnoux.

Ce système, dit-il, a non-seulement l'avantage d'un mode de liaison plus parfait, mais il a, en outre, celui d'occasionner à la force de tirage sur les parties courbes de la voie une moindre obliquité que celle qui résulte du système le plus en usage. Il se plie à toutes les inflexions, à tous les changements de courbure des routes ordinaires. Lors du cheminement des voitures sur une direction rectiligne, les essieux de toutes les roues conservent rigoureusement le parallélisme et la fixité qui distinguent le système ordinaire, à cela près que les ondulations dans le sens transversal, et les à-coups résultant du défaut de liaison y sont, pour ainsi dire, impossibles. Dès l'instant où l'avant-train de la voiture qui marche en tête du convoi entre dans la portion circulaire du chemin, l'arrière-train de cette voiture, et par suite les deux trains de la voiture suivante, commencent aussitôt à tourner en prenant ainsi progressivement une direction de plus en plus oblique par rapport à la partie rectiligne de ce chemin ; et la même chose arrive successivement à tous les arrière-trains des voitures, à mesure que les avant-trains correspondants parviennent, à leur tour, au point de raccordement des deux parties de la route. Une fois engagé dans la portion circulaire du chemin, quel qu'en soit le rayon, le convoi tend à conserver, par lui-même, cette fixité de liaison qu'on y observe pour les portions rectilignes, tandis que les roues, ainsi contraintes à cheminer dans une direction tangentielle, n'éprouvent désormais ni aucun frottement de glissement sur elles-mêmes, ni aucune tendance propre à surmonter les rails, la seule action de la force centrifuge se réduisant ici : 1° à une tendance à soulever, à faire tourner les voitures autour des points d'appui des roues extérieures ; 2° à un effort horizontal qui tend à faire appuyer le rebord de ces mêmes roues contre le revers intérieur des rails. Or, il est facile de prévenir ces deux effets en déterminant convenablement la hauteur du centre de gravité de la charge et la vitesse des voitures.

Quant à la difficulté de mettre en mouvement ou d'arrêter un pareil système de voitures rendues solidaires ; quant aux objections et aux inconvénients qui peuvent naître de la légère obliquité des roues à l'entrée ou à la sortie des courbes ; de la nécessité de diriger la première voiture à l'aide de quatre roulettes ; du défaut même de stabilité qu'on pourrait reprocher aux caisses, eu égard à la faible étendue des surfaces d'appui ; enfin du mode d'exécution des chaînes et couronnes directrices, ces inconvénients et ces objections ne sauraient être considérés comme des obstacles tels, qu'on dût renoncer à l'adoption du nouveau système dans l'établissement des chemins de fer.

En résumé, MM. les commissaires ont été d'avis que le dispositif de voitures proposé par M. Arnoux mérite l'attention des ingénieurs chargés de l'établissement des chemins de fer, en ce que ses avantages, pour prévenir les accidents et diminuer les résistances aux courbes de raccordement des routes à petits rayons, ne sauraient en eux-mêmes être mis en doute, et qu'il paraît devoir rendre des services réels à l'industrie, quand bien même on en restreindrait l'application aux légers waggons destinés au transport des voyageurs. En conséquence, ils ont proposé d'accorder à l'auteur l'approbation que l'Académie des Sciences ne refuse jamais aux inventions qui joignent à un but d'utilité réel, à des moyens neufs et ingénieux, des chances suffisantes de réussite. Ils ont émis, en outre, le vœu que ses tentatives pour perfectionner le système de véhicules actuellement en usage sur les chemins de fer, puissent être soumises prochainement à un essai en grand, propre à en démontrer les avantages d'une manière plus complète encore et plus positive.

Les conclusions de ce rapport ont été adoptées par l'Académie.

Expériences. — M. Arnoux a satisfait au vœu de l'Académie des Sciences.

Dans un vaste enclos, situé à Saint-Mandé, près de Paris, il a établi un chemin de fer de plus d'un quart de lieue de développement, Pl. CXC, *fig.* 42, qui présente différentes courbes et vient se fermer sur lui-même. Il y a établi une locomotive anglaise, un tender ou chariot d'approvisionnement et cinq voitures construites pour cet objet spécial dans les ateliers des Messageries générales qui sont placés sous sa direction.

Ainsi cet ingénieur n'a rien épargné pour rendre les expériences décisives, pour les repéter et les varier, pour les prolonger indéfiniment.

La commission des Ponts-et-Chaussées ayant donné, dans ce qui précède, une idée du système de M. Arnoux et du rapport de M. Poncelet, n'a plus à s'occuper que des expériences qu'elle a suivies seule et avec MM. les membres de la Commission de l'Académie des Sciences, les 11 et 19 septembre 1839. M. Coriolis remplaçait M. Dulong.

Description du chemin et des voitures. — Le chemin renferme un espace de figure oblongue; sur la gauche, il est de niveau, et présente des courbes de $50^{m},00$ de rayon raccordées avec les lignes droites par des courbes de $100^{m},00$ de rayon et de $20^{m},00$ de longueur. La partie qui est à droite est une courbe de niveau ayant $132^{m},60$ de longueur et $100^{m},00$ de rayon. Le premier côté monte par une rampe de $0^{m},004$ sur $106^{m},00$ et de $0^{m},003$ sur $237^{m},00$, et se compose d'une ligne droite et de deux courbes formant l'S et ayant $150^{m},00$ et $100^{m},00$ de rayon. Le second côté a $0^{m},003$ d'inclinaison, et se compose d'une première ligne droite de $191^{m},00$, d'une seconde de $83^{m},20$, et d'une courbe de $110^{m},00$ de rayon.

Le circuit est de $1141^{m},80$ (1) à l'extérieur et de $1131^{m},64$ à l'intérieur, ce qui donne pour l'axe une longueur de $1136^{m},72$.

---

(1) Il y a ici erreur causée par la disposition du chiffre de la figure, c'est $1141^{m},80$ de

Les rails pèsent de 18 à 19 kilogrammes le mètre courant; le dessus, qui est plat, a $0^m,043$ d'épaisseur. Deux coussinets, un simple et un double, pèsent 9 à 10 kilogrammes. On a été obligé de donner à la voie $1^m,675$ entre les rails, afin de changer le moins possible les dispositions de la machine locomotive. Les traverses ont un équarrissage de $0^m,10$ à $0^m,12$ sur $0^m,20$ à $0^m,25$, et leur longueur est de $2^m,10$, de sorte qu'elles ne dépassent les rails que de $0^m,17$.

Les premières expériences, consistant dans un parcours de plus de 50 lieues, ayant très bien réussi, M. Arnoux, pour éprouver son système dans les plus petites courbes, a fait ajouter à la droite du chemin, en dehors de la courbe de $100^m,00$ de rayon, un cercle entier de $18^m,00$ de rayon intérieur, raccordé par des arcs de cercle de 30 degrés et de $30^m,00$ de rayon. Le développement des deux rails du petit cercle est de $118^m,36$.

Cette dernière partie, dans laquelle il y a trente-six aiguilles, offre un exemple de croisement de voie, de courbes à petit rayon pour les gares de départ, ou pour les ateliers, ou pour les passages difficiles, et donne le moyen de changer la direction du mouvement lorsqu'on veut parcourir le chemin dans les deux sens.

La locomotive est à cylindres de (11 pouces) $0^m,279$ de diamètre, et sort des ateliers de Jackson-Murray, à Leeds. Elle était montée sur quatre roues; pour l'adapter au système elle a été mise à six roues. A cet effet, l'essieu de devant a été remplacé par un essieu à fusées, mobile autour d'une cheville ouvrière; les roues ont été garnies de boîtes en cuivre, à peu près comme le sont les roues de voitures sur les routes. On a augmenté l'écartement des grandes roues d'une quantité égale à la double épaisseur du châssis qui porte la chaudière, de manière que ce châssis se trouve placé entre les roues et la chaudière, au lieu de se trouver au dehors des roues. On a enlevé les rebords de ces grandes roues, et on leur a appliqué un cercle large de $0^m,20$, complétement plat, afin que ces roues, qui sont commandées par la vapeur, ne cessent pas de porter sur les rails, dans les parties courbes du chemin. Sur le derrière, on a placé un troisième essieu semblable à celui de devant, portant aussi deux

---

développement pris sur le rail intérieur : cette différence en entraîne d'autres très légères d'ailleurs dans les calculs qui suivent. (Note de M. C. Arnoux.)

roues libres, et l'on a allongé le châssis de la locomotive, qui peut ainsi recevoir le coke. Sous le premier essieu, on a placé l'appareil directeur, dont les roulettes en fonte ont $0^{m},50$ de diamètre moyen; la jante conique de $0^{m},075$ d'épaisseur, est creusée de $0^{m},006$ en gorge de poulie. Deux arcs de couronnes ont été fixés à chacun des essieux extrêmes pour recevoir les bouts des chaînes destinées à opérer la convergence des essieux. Les petites roues ont $1^{m},00$ de diamètre et les grandes $1^{m},60$. Les premières ont des rebords et leurs jantes sont un peu coniques. Le poids de la locomotive est de $8^{tonnes},50$.

M. Arnoux a fait remarquer qu'une locomotive, ainsi disposée, est loin de présenter la perfection d'une machine qui aurait été construite exprès; la charge mal répartie sur les trains est un inconvénient majeur; la fixité des deux grandes roues sur l'essieu coudé oblige l'une d'elles à glisser dans toutes les courbes, et plus encore dans celles de petit rayon, lorsqu'il serait si facile de rendre l'une de ces roues libre à volonté; l'appareil directeur n'a pas la solidité que lui donnerait sa double liaison en avant ou en arrière avec les arcs qui portent les chaînes. Mais cet ingénieur a pensé qu'à la rigueur cette locomotive fonctionnerait dans cet état, ce qui suffirait pour démontrer la possibilité d'appliquer son système.

Le tender est disposé de manière à recevoir seize à dix-huit personnes, et il a été placé sur un train semblable à celui des voitures, mais qui a moins de longueur. Il porte le rouet et l'appareil des freins. Au moyen d'une tige placée sous les essieux et divisée en deux chaînes à la rencontre des chevilles ouvrières, on peut enrayer fortement toutes les voitures à la fois. Cette tige et les freins ont été enlevés, parce qu'ils sont inutiles pour la localité. Le poids du tender est de 3 tonnes.

Il y a deux voitures à quatre roues et à ressorts simples pesant chacune 1 800 kilogrammes; une diligence à quatre roues portée sur des ressorts doubles, semblables à ceux des voitures de messageries, du poids de 2 200 kilogrammes; une voiture à six roues et à ressorts simples, pesant 2 600 kilogrammes; enfin une plate-forme à quatre roues et à ressorts simples, pesant 1 600 kilogrammes.

Toutes les roues sont en bois, à doubles rais, écuées en sens contraire, et entourées de cercles en fer. Les fusées ont $0^{m},25$ de longueur et $0^{m},65$ de diamètre.

Les roues intermédiaires de la voiture à six roues ont $1^m,60$ de diamètre, des jantes plates de $0^m,30$ de largeur; elles n'ont pas de rebord, et leur essieu est fixé au châssis. Toutes les autres roues ont $1^m,00$ de diamètre, une jante plate de $0^m,11$ de largeur. Leur rebords sont formés par des cercles fixés aux jantes par des boulons.

Les couronnes des essieux et des flèches sont en fer; les premières ont $1^m,00$ de diamètre, les secondes $0^m,50$. Les portions de chaînes qui s'enroulent sur les couronnes sont fabriquées comme celles des horlogers, et ont subi une traction d'épreuve de plus de 2 500 kilogrammes sans aucune altération. Les portions qui restent toujours rectilignes sont des tringles de $0^m,012$ de diamètre qui pourraient porter sans se rompre 4 750 kilogrammes, à raison de 42 kilogrammes par millimètre carré.

Les timons sont des barres de fer rond de $0^m,055$ de diamètre, et sont composés de deux parties égales qui s'assemblent par emboîtement et clavettes à vis et écrous.

Tous les trains sont d'une construction soignée et d'une forme élégante.

M. Arnoux a fait remarquer que les cercles des roues, si l'on en excepte ceux des roues de la locomotive, n'ont pas été tournés extérieurement, qu'ils ont tous plus ou moins des faux tours, c'est-à-dire des arcs excentriques; de sorte qu'à chaque révolution, elles ont une action analogue à celle d'un chemin dont la surface serait régulièrement sinueuse dans le sens vertical et variable pour chaque roue.

La longueur du convoi est de $37^m,00$, savoir : longueur des flèches, ou distance entre les chevilles ouvrières de l'avant et de l'arrière-train, locomotive, $3^m,00$; tender, $2^m,00$; chacune des voitures à quatre roues, $2^m,80$; la voiture à six roues, $4^m,00$; chacun des six timons, ou distance entre la cheville ouvrière de l'arrière-train d'une voiture et l'avant-train de la voiture qui suit, $2^m,80$.

Expériences du 11 septembre. — Les rebords des roues paraissent avoir éprouvé peu de frottements, et la partie des cercles qui avait porté plus constamment sur les rails avait, en général, sur chaque jante, une largeur de $0^m,05$, et se trouvait à $0^m,03$ du rebord et à $0^m,03$ de l'arête extérieure.

Deux des voitures à quatre roues étaient chargées de 384 boulets de 12 livres et la plate-forme de 432, ce qui fait un poids de 7 049 kilo-

4..

grammes pour la charge entière, et avec le poids des voitures, de 21 500 kilogrammes, un poids total de 28 549 kilogrammes.

Le convoi a parcouru devant nous quatre fois le chemin principal et cinq fois le petit cercle. A sa première entrée dans le petit cercle, les deux roues de l'arrière-train de l'avant-dernière voiture et les quatre roues de la dernière sont sorties de la courbe de raccordement, et après avoir franchi les rails du chemin principal, elles se rapprochaient des rails du raccordement. Cet accident paraît venir de ce que les aiguilles mal attachées ont cédé aux efforts qu'elles éprouvaient et se sont fermées; mais les roues d'une même voiture et celles qui sont séparées par les timons étant solidaires les unes des autres, elles ont été ramenées dans la direction que suivaient les premières voitures. Les secousses que les chaînes ont éprouvées ont dû être considérables; cependant, elles n'ont éprouvé aucune altération.

Nous sommes montés dans le tender et ensuite dans la diligence, et nous avons parcouru trois fois le petit cercle et trois fois le chemin principal.

Le convoi part aisément, sans secousse, et s'arrête facilement et comme une seule voiture. Toutes les courbes et contre-courbes se passent très bien, et les voyageurs ne s'aperçoivent du changement de direction que par le léger mouvement qui est imprimé à leur corps par la force centrifuge. Il n'y a pas de lacets ou d'ondulations horizontales, ni pour la même voiture, ni d'une voiture à une autre. Il y avait toutefois, dans les voitures à ressorts simples, une espèce de frémissement qui ne permettait pas d'écrire; dans la diligence à ressorts doubles, on ressentait encore ce frémissement, mais on pouvait écrire facilement.

La durée du parcours du chemin principal a été de 3'58", 2'51", 2'50", 2'40", 2'9"; ainsi, la vitesse moyenne a été $4^m,7761$, $6^m,6475$, $6^m,6856$, $7^m,1045$, $8^m,8117$ par seconde; ou de $17194^m,00$, $23931^m,00$, $24072^m,00$, $25576^m,00$, $31722^m,00$ par heure; ou bien, en nombres ronds, de 4 lieues $\frac{1}{2}$ à 8 lieues à l'heure.

Le convoi occupait sur le petit cercle un espace de $37^m,00$, ou le tiers à peu de chose près de la circonférence moyenne, qui est $118^m,36$. La durée du parcours a été de 50", 40", 37" et 36"; ainsi la vitesse a été de $2^m,3672$, $2^m,9590$, $3^m,1989$, $3^m,2129$ par seconde, ou de $8720^m,00$,

10901^{m},00, 11784^{m},00, 11836^{m},00 par heure; ou bien, en nombres ronds, d'une lieue $\frac{3}{4}$ à 3 lieues à l'heure.

Le mécanicien qui conduisait la locomotive est anglais, et comme il parcourait pour la première fois ce petit cercle, il n'a pas voulu donner au convoi une plus grande vitesse.

Expériences du 19 septembre. — On avait ajusté le dynamomètre de M. Morin entre le tender et la première voiture.

On avait mis à cette voiture un appareil directeur dont les roulettes n'étaient pas creusées en gorge de poulie comme celles qui sont à la machine locomotive.

Les rebords de toutes les roues avaient été repeints en noir, afin qu'il fût plus facile de reconnaître s'ils avaient touché le revers des rails.

Quatre voitures étaient chargées chacune de trois cents boulets de 12, ou du poids de 7 049 kilogrammes, ce qui donnait au convoi un poids total de 28 549 kilogrammes, comme dans les expériences précédentes; mais le poids des cinq voitures soumises au dynamomètre n'était que de 17 049 kilogrammes.

On devait, dans une seconde série d'expériences, ajouter deux cents boulets ou 1 174^{k},80, ce qui aurait donné aux cinq voitures et à leur charge un poids total de 18 224 kilogrammes.

On avait substitué à l'une des tringles de la deuxième voiture deux autres tringles moitié plus petites, et réunies par huit tours de fil de fer recuit, qui pouvaient porter ensemble environ 400 kilogrammes avant de se rompre.

M. Morin était venu pour suivre les expériences et déterminer lui-même la marche et les résultats de son expérience.

On a fait faire au convoi un premier tour avec une faible vitesse. Le mauvais temps n'a pas permis de continuer les expériences. Le convoi a fait toutefois, pendant la pluie, six autres tours avec des vitesses différentes.

On a ôté la première roulette de gauche de l'appareil directeur de la locomotive. Les roues de l'avant-train de cette machine s'étant un peu déviées vers la gauche, et la pluie continuant de tomber avec force, on a fait remettre la roulette pour ramener le convoi à sa position primitive, et l'on est retourné à Paris.

D'après quelques expériences que M. Morin avait faites, quelques jours auparavant, pour s'assurer que son dynamomètre avait été ajusté convenablement, il paraît qu'à la vitesse de 2 lieues à l'heure dans le petit cercle, et de 4 à 5 lieues sur le chemin principal, la force de traction était environ de 130 kilogrammes, ce qui donnerait pour un poids de 20 000 kilogrammes une résistance de 0,0065; mais, d'après les données précédentes, le poids des voitures attachées au dynamomètre était de 17 049 kilogrammes; ainsi la résistance aurait été de 0,007625.

Expériences des 30 septembre et 2 octobre. — Résultats des expériences faites par M. Arnoux :

La flexion des rails est sensible et même forte sous la locomotive et sous la voiture chargée de boulets. Il n'a pas été possible de la constater avec exactitude, à cause des vibrations qui avaient lieu dans l'appareil dont on a fait usage.

On a compté le nombre de tours des roues d'un même essieu, lorsque les voitures font un voyage, ou parcourent le contour du chemin principal.

Pour déterminer ce nombre, on a placé sur les jantes, perpendiculairement au plan de la roue, un boulon qui, dépassant de $0^m,11$ environ, rencontrait, en tournant, un levier de bois taillé de manière à être frappé par ce boulon et à céder à son effort. Le levier traversait le plancher de la voiture, de telle sorte qu'une personne placée intérieurement pouvait aisément constater le nombre des rencontres.

La roue intérieure à laquelle on a adapté l'appareil n'était pas tournée; son diamètre était de $0^m,985$. On a compté 730 tours en deux voyages successifs, puis 366, 365 et 367 tours en trois autres voyages.

La roue extérieure, non tournée, d'un diamètre de 0,980, a fait 386, 370, 372, 371 et 371 en cinq voyages.

Les fractions de tour n'ont pas pu être évaluées, mais on a remarqué que les nombres les plus forts correspondaient aux plus grandes vitesses.

On aurait desiré mettre les résultats en regard pour les mêmes tours, mais les personnes qui comptaient n'ont pas observé cet ordre. Le déeloppement du rail intérieur est de $1131^m,64$, et celui du rail extéreur de $1141^m,80$. La différence entre ces deux longueurs est de $10^m,16$.

La circonférence de la roue intérieure est de $3^{m},0945$, et celle de la roue extérieure de $3^{m},0788$. Les roues n'ayant pas été tournées, on n'est pas certain de l'exactitude de ces deux chiffres. Si l'on suppose que les roues se sont développées sur les rails sans glisser,

Les 365 tours de la 1re roue ont donné	$1132^{m},48$	Différence $+2^{m},16$
366	$1129^{m},57$	$-0^{m},93$
367	$1135^{m},67$	$-4^{m},03$
Les 368 tours de la 2e roue ont donné	$1132^{m},98$	$+8^{m},82$
370	$1139^{m},14$	$+2^{m},66$
371	$1142^{m},22$	$-0^{m},42$
372	$1145^{m},29$	$-3^{m},49$

La première roue a fait trois fois 365 tours par voyage, et la seconde deux fois 371. Si l'on rejette les deux résultats qui donnent les différences — $4^{m},03$ et $8^{m},82$, les huit autres sont exacts, à un tour de roue près.

On peut conclure de ces expériences que les roues extérieures des voitures du système Arnoux se développent sur les rails sans glisser.

On a fait entrer le convoi dans les parties courbes, et on l'a fait sortir de suite sans changer de direction, avec une vitesse de $4^{m},00$ par seconde, ou de $3^{lieues},85$ par heure; et cela à plusieurs reprises. On a observé que dans quatre S, le glissement des roues, dont les essieux, en certains points du chemin, ne sont pas normaux aux rails, se faisait sentir et augmentait la résistance. C'est ce que la locomotive a constaté elle-même en accélérant sa marche lorsqu'elle passait sur la courbe de $18^{m},00$.

La longueur développée des trois petites courbes, entre les points d'embranchements sur la courbe de $100^{m},00$ de rayon, est de $85^{m},67$, et elle a été parcourue en vingt-sept et vingt-huit secondes. C'est pour la moyenne, qui est de $27^{m},50$, une vitesse de $3^{m},115$ par seconde, ou de $2^{lieues},80$ par heure.

Des roues à essieux tournants. — La mobilité des roues sur les essieux et des essieux sur les chevilles ouvrières étant la propriété fondamentale du système de M. Arnoux, la commission a dû rechercher quels étaient les expériences et les motifs qui ont fait adopter le système des roues à essieux tournants.

Les voitures à roues qui tournent sur les essieux ou qui tournent avec les essieux sont de toute antiquité. Le premier système, à deux ou trois exceptions près, est maintenant le seul en usage dans tous les pays, pour les routes ordinaires; les deux systèmes ont été employés sur les chemins de fer à rails plats; mais le second est le seul dont on ait fait usage, jusqu'à présent, sur les chemins de fer à rails saillants. Les auteurs qui ont considéré ces deux systèmes, du moins ceux que nous connaissons, étant en petit nombre, nous exposerons ce qu'ils en ont dit, en suivant à peu près l'ordre des dates des inventions ou des ouvrages.

M. Edgeworth (1) cite un Essai que le docteur Hook a écrit en 1684. Une roue peut être chargée à son sommet ou sur son essieu; elle peut tourner sur l'essieu, ou l'essieu peut tourner avec elle. Ce second moyen, dit le docteur, est le meilleur, parce que le mouvement de la roue est plus exact et plus circulaire; que l'essieu tournant demeure invariable dans sa direction perpendiculaire à l'axe de la voiture; que, portant la charge par ses deux bouts, on peut en réduire le diamètre au point de ne pas exciter la dixième partie de la résistance qui a lieu dans le premier système, ce qui est très favorable à la vitesse.

M. Héron de Villefosse (2) a trouvé que le second système avait été appliqué de deux manières différentes au transport des produits des mines du Hartz : premièrement en mettant deux roues sur le même essieu; secondement, en donnant à chaque roue un essieu particulier qui traverse toute la voiture, ce qui rend chacune des roues indépendante des autres. Des expériences comparatives ont fait connaître que le waggon à quatre essieux roule mieux que l'autre dans les courbes; que dans les chemins rectilignes, c'est au contraire le waggon à deux essieux qui obtient l'avantage.

On a proposé une autre disposition pour les waggons à quatre essieux, c'est de n'employer que des demi-essieux dont les extrémités tournent dans des boîtes fixées sous l'axe du châssis (3).

---

(1) *Essai sur la construction des routes et des voitures*, par Richard Lovell Edgeworth, traduit de l'anglais en 1827, par M. Paillet, intendant militaire.

(2) *Richesse minérale*, 3e volume, publié en 1819 : l'ouvrage a été rédigé sur des renseignements pris sur les lieux en 1803.

(3) *Leçons faites sur les chemins de fer à l'École des Ponts-et-Chaussées*, en 1833 et 1834, par M. Minard.

En 1786, il y avait à Paris des charrettes à bras à essieux tournants.

M. le général d'Aboville s'est servi, pendant plusieurs années, de voitures à essieux tournants de l'invention de M. Arthur. Chaque essieu tournait dans une boîte de cuivre attachée sous le train, et sa longueur était environ le tiers de la distance entre les moyeux. On peut remarquer que, dans cette voiture, les essieux tournants sont des espèces de fusées qui tournent sous le train, et dont la portion extérieure est carrée et fait corps avec la roue; tandis que, dans les voitures ordinaires, la fusée est extérieure, et le surplus de l'essieu fait corps avec le train.

Des expériences ont été faites, en novembre 1800, à Vincennes, sur les deux espèces d'essieux, et il paraît qu'on a trouvé que les essieux tournants étaient plus solides que les essieux fixes.

Il est indifférent, suivant M. Tredgold (1), que les essieux tournent ou qu'ils soient fixes quand la route est droite; mais lorsqu'elle est courbe, il croit qu'il vaut mieux que les roues tournent sur des essieux fixes; qu'il y aura moins de danger pour les roues et les rails, et moins de résistance.

M. Wood ne donne que les renseignements suivants (2) : les roues en fonte étaient en usage en 1754, et on les considérait comme étant préférables aux roues en bois; les roues en fonte, employées sur les chemins à rails plats, sont mobiles autour de leurs essieux, qui sont fixés au corps du chariot; les roues employées sur les rails saillants tournent avec leurs essieux, dont les coussinets sont fixés aux brancards des voitures.

La construction des waggons en usage aujourd'hui sur les rails saillants est fondée, dit-on, sur trois motifs :

1°. Si les roues tournaient autour de l'essieu, le jeu qui résulterait de l'usé des boîtes et des fusées permettrait aux roues de s'incliner sur l'axe, ce qui changerait la voie (3), ou d'osciller autour de cet axe ce qui tendrait à les faire dérailer, c'est-à-dire passer par-dessus les rails (4).

---

(1) *Traité pratique sur les chemins de fer et sur les voitures destinées à les parcourir*, par M. Tredgold, traduit de l'anglais par M. Duverne, en 1826.

(2) *Traité pratique des chemins de fer* de Nich. Wood, traduit en 1834 par MM. de Montricher, de Franqueville et de Ruolz.

(3) M. Minard, ouvrage cité ci-dessus.

(4) *Manuel des constructeurs de chemins de fer*, par M. Biot, en 1834.

Pour que la rotation des roues s'exécute dans un plan vertical, il faut donc qu'elles soient fixées sur l'essieu, et, par conséquent, que l'essieu tourne avec elles (1).

2°. Si le waggon avait un avant-train mobile, comme celui des voitures ordinaires à quatre roues, cet avant-train se dévierait trop facilement de la voie; il faut donc que les essieux soient fixés invariablement à un châssis assez rigide pour que les roues ne tendent pas à s'échapper au moindre obstacle qu'elles rencontreraient (2). En effet, si l'une des roues ainsi disposées rencontre un obstacle qui ralentisse son mouvement, la seconde roue ne pouvant se mouvoir avec plus de vitesse, le waggon ne tourne pas sur l'obstacle et reste sur les rails.

3°. Pour la facilité des manœuvres et des transports, les waggons doivent être disposés de manière qu'on puisse les faire mouvoir dans l'un et l'autre sens; il faut donc que leurs roues soient de même diamètre, que les avant et arrière-trains soient semblables.

On voit, par les détails dans lesquels nous venons d'entrer, que les essieux tournants ont été essayés de plusieurs manières, qu'il n'a été fait d'expériences sur le mouvement des voitures dans les courbes qu'aux mines de Hartz, et que ces expériences ont été à l'avantage des roues indépendantes; à cette exception près, tout ce qui a été dit pour ou contre les roues à essieux fixes ou tournants n'est fondé que sur des spéculations théoriques. Ce n'est même qu'en 1829, à l'époque du concours ouvert pour la construction des locomotives destinées au chemin de fer de Liverpool à Manchester, qu'on a remarqué que la traction augmentait beaucoup au passage des courbes (3); mais, au lieu de recourir à l'expérience pour apprécier ce qui arrivait avec les deux espèces d'essieux, on a cherché à diminuer les inconvénients des roues à essieux tournants, en donnant au rayon des courbes une grande longueur, et en diminuant autant que possible la distance entre les essieux d'une même voiture. De là vient qu'au chemin de fer que nous venons de citer, la plupart des courbes ont 2263^{m},00 de rayon; que les essieux

(1) M. Biot, *Manuel des constructeurs de chemins de fer*, 1834.

(2) M. Biot, *idem*.

(3) *Notice de M. Booth sur le chemin de fer de Liverpool à Manchester*, Annales, 1er semestre 1831, page 56.

des waggons sont à $1^m,57$ de distance, et qu'on a considéré comme une nécessité de donner au moins $1000^m,00$ de longueur aux rayons des courbes des chemins de fer à grande vitesse.

Les voitures sont, en général, dans des circonstances plus favorables sur un chemin de fer que sur les routes ordinaires. Elles ont toutes quatre roues, et quelques-unes en ont six. Ces roues ont des rebords qui les maintiennent sur la voie, et elles roulent sur des rails en fer. L'une d'elles ne peut pivoter autour de celle qui a rencontré un obstacle, à moins que son rebord, par quelques défauts de la jante ou du rail, ne puisse monter sur ce rail et le traverser. Il n'y avait donc pas de grands inconvénients à conserver l'indépendance des roues comme on l'a fait dans quelques-unes des mines du Hartz. Il n'en a pas été de même de la direction des essieux; on a dû la fixer perpendiculairement à l'axe de la voiture, parce qu'on ne savait pas comment régler le mouvement de l'avant et de l'arrière-train.

M. Arnoux a levé cette difficulté de la manière la plus satisfaisante. Les essieux de ses voitures ont la faculté de tourner autour d'une cheville ouvrière, mais ils ne sont pas libres, ils dépendent l'un de l'autre dans la même voiture et d'une voiture à une autre, et sont toujours dirigés perpendiculairement à l'axe du chemin rectiligne ou circulaire que les voitures parcourent. Si l'une des roues tend à pivoter dans un sens, aussitôt l'essieu des roues suivantes tend à s'incliner en sens contraire et à prévenir le pivotement, de sorte que la différence qu'il y a à cet égard entre le système actuel et celui de M. Arnoux, c'est que dans l'un, c'est la roue jumelle qui arrête le pivotement, tandis que dans l'autre, ce sont les deux roues du train suivant; et même, quand il y a plusieurs voitures, tous les autres trains contribuent aussi à maintenir sur la voie le train qui tend à s'en écarter.

M. Arnoux étant certain qu'au moyen du mécanisme simple qu'il a imaginé, les essieux mobiles autour des chevilles ouvrières seraient toujours dirigés convenablement, a dû préférer les roues indépendantes aux roues à essieux tournants; car, outre que l'arrangement de tels essieux au-dessous de son mécanisme aurait compliqué beaucoup la construction des trains, les roues dépendantes exigent une grande solidité et une grande perfection dans leurs formes; il faut que leurs circonférences soient tournées, que leurs diamètres soient rigoureusement égaux, et que les deux essieux d'une même voiture soient exactement parallèles entre eux.

Dans les chemins courbes, les roues dépendantes éprouvent sur leurs jantes un glissement de rotation autour du centre de ces courbes; les deux roues intérieures un glissement en arrière, dans la direction des rails, et quelquefois les deux roues extérieures un glissement en avant. Les rebords de roues extérieures éprouvent contre la face latérale du rail un frottement tangentiel et un frottement de côté entre les points d'appui des jantes; quelquefois ce sont les rebords des roues intérieures qui éprouvent cette dernière espèce de frottement, mais en dehors des points d'appui des jantes.

Les roues indépendantes tournant avec leurs essieux ont moins d'inconvénients que les roues dépendantes; mais l'application n'en étant pas facile, et les praticiens ne les ayant pas adoptées, M. Arnoux s'est trouvé naturellement conduit à employer les roues libres ou tournant sur des fusées, telles que les roues qui sont en usage sur les routes ordinaires pour toute espèce de voitures.

On doit remarquer que, dans le système de M. Arnoux, ainsi que l'expérience l'a d'ailleurs confirmé, les voitures parcourent aussi facilement les chemins courbes, même ceux de $18^{m},00$ de rayon, que les chemins rectilignes; qu'il n'y a plus de glissement des jantes sur les rails, soit en avant, soit en arrière, ni frottement de côté entre les rails et les rebords. Il ne reste donc plus que deux espèces de frottement : premièrement, celui du glissement de rotation autour du centre de la courbe, mais il est beaucoup plus petit que dans le système actuel, puisque les essieux sont dirigés vers ce centre; secondement, le frottement tangentiel des rebords, mais il a lieu beaucoup moins fréquemment, parce que la traction se fait d'une cheville à l'autre au moyen de barres rigides, et que tous les essieux sont toujours normaux à la courbe.

On a dit que l'usé des boîtes ou des fusées des roues libres permettrait aux roues de s'incliner sur l'axe de l'essieu; mais ne sait-on pas que le carré des essieux dans les moyeux s'use aussi, et que le jeu qui en résulte a été considéré comme donnant lieu à des inconvénients, et même, dans les changements de voie, au danger de faire rencontrer les pointes des aiguilles par les jantes.

En résumé, nous ne pensons pas que, relativement à la mobilité des roues sur leurs essieux et des essieux autour des chevilles ouvrières, le système de M. Arnoux soit moins avantageux que le système qui est aujourd'hui généralement en usage.

De l'entrée et de la sortie des courbes. — Pour donner une idée de toutes les positions que les voitures de M. Arnoux prennent en passant d'une droite sur une courbe, et réciproquement, nous supposerons que les flèches et les trains, les rayons des couronnes et des flèches soient de longueurs quelconques.

Les propriétés principales du système sont les suivantes : 1° les deux essieux de la première voiture changent de direction sans rien changer à la direction des essieux de la seconde; 2° c'est l'appareil directeur qui rend les deux essieux de la première voiture perpendiculaires au chemin parcouru; 3° dès qu'une flèche change de direction, les essieux de la voiture suivante convergent en sens contraire des essieux qui sont sous cette flèche; 4° toutes les voitures qui suivent une flèche qui n'a pas changé de direction n'éprouvent aucun changement dans leurs positions respectives; 5° si la dernière voiture tournait autour de son avant-train, il n'en résulterait aucun dérangement dans les voitures précédentes.

Cela posé, concevons que les voitures entrent dans une courbe. La première flèche s'inclinera de plus en plus jusqu'à ce que ses deux chevilles soient sur cette courbe; l'angle de convergence des essieux de la seconde voiture augmentera jusqu'à un certain point et diminuera ensuite; enfin, la seconde voiture entrera dans la courbe : la convergence de ses essieux augmentera de nouveau jusqu'à ce que la seconde cheville ait quitté la ligne droite, et elle fera éprouver à la troisième voiture tous les changements que lui a fait éprouver la première.

Les essieux de la première voiture convergent seuls au centre de la courbe; les autres, dans le cas général dont il s'agit, convergent en des points différents.

Les mêmes circonstances ont lieu lorsque les voitures sortent de la courbe; mais avant qu'elles passent sur la ligne droite, l'angle de convergence des essieux devient plus grand que dans le premier cas.

On ne peut éviter que les essieux de la voiture qui va entrer dans une courbe ou qui va en sortir ne convergent en sens contraire des essieux de la voiture précédente; mais on peut déterminer certaines dimensions du système, de manière que l'essieu de chaque train soit normal à la courbe lorsque sa cheville ouvrière se trouve au point de tangence. En effet, on trouve que la valeur de l'angle de convergence des essieux de la seconde voiture sera nulle en ce point, lorsque le rayon ρ de la couronne de la flèche et le rayon r de la couronne de l'essieu suivant seront entre eux comme l'angle β soutendu dans la courbe par le timon, et la somme des angles β et α soutendus dans le même cercle par ce timon et par la flèche de la voiture qui précède, c'est-à-dire lorsque

$$\frac{\rho}{r} = \frac{\beta}{\alpha + \beta}.$$

Quand cette équation est satisfaite, on obtient un autre avantage : c'est que le point de convergence des essieux de la seconde voiture est au centre même de la courbe, lorsque leurs chevilles ouvrières se trouvent sur cette courbe.

Puisque les angles α et β dépendent du rayon de la courbe, le rapport entre les rayons des couronnes dépend généralement du rayon de cette courbe, mais il y a deux cas pour lesquels il n'en dépend pas. Le premier a lieu lorsque le rayon de la courbe est assez grand par rapport à la flèche f et au timon t, pour que ces deux droites puissent être prises pour les arcs mêmes qui correspondent aux angles α et β ; car alors on a $\rho = \frac{t}{f+t}\, r$. Le second cas a lieu lorsque le timon est égal à la flèche, ce qui donne $\rho = \frac{1}{2}\, r$. Ce cas, qui est le seul exact, convient aux courbes de tous les rayons ; le premier ne convient que par approximation aux courbes de grand rayon.

Ainsi la règle à suivre, dans le système de M. Arnoux, c'est que la flèche de chaque voiture et le timon suivant soient de même longueur, et que le rayon de la couronne de chaque flèche soit moitié plus petit que le rayon des couronnes des essieux de la voiture suivante.

Les voitures que M. Arnoux a mises en expérience à Saint-Mandé ne satisfont pas toutes à cette règle. Nous savons, d'après la description que nous avons donnée ci-dessus, que les longueurs des flèches de trois de ces voitures sont 3,2 et $4^{m},00$; que celle des flèches des quatre autres est de $2^{m},80$. Les rayons des couronnes des flèches de ces quatre voitures sont moitié des couronnes des essieux. Les six timons ont une longueur commune de $2^{m},80$, tandis que ceux qui suivent la machine locomotive, son tender et la voiture à six roues, devraient avoir respectivement 3,2 et 4^{m},00 de longueur.

Des chaînes qui unissent les couronnes. — Les chaînes qui unissent les couronnes ne s'enroulent et ne se déroulent que d'une longueur peu considérable qui dépend de l'angle de convergence que les essieux prennent sur les courbes. Quand les voitures en expérience à Saint-Mandé sont dans la courbe de 18^{m},00 de rayon, cet angle est moindre de 4° 10′, et les arcs moindres de 0^{m},04 sur les couronnes des essieux et de 0^{m},02 sur celles des flèches. On voit donc qu'en ayant égard au changement de direction dans les deux sens, la portion des chaînes qui s'enroule n'est pas de 0^{m},08 sur les unes et de 0^{m},04 sur les autres. Ainsi, l'on pourrait substituer aux couronnes entières des portions de couronnes de peu de longueur, comme on a été obligé d'en adapter aux essieux de la locomotive.

Dans le système de M. Arnoux, la traction des voitures a lieu par les barres rigides qui sont liées entre elles par les chevilles ouvrières, et chacune de ces barres éprouve une tension qui est, sur un railway rectiligne et horizontal, égale à $\frac{1}{200}$ ou à 0,005 du poids de toutes les voitures suivantes, en supposant que la résistance à surmonter soit à peu près la même que pour les voitures à essieux tournants de 0^{m},04 de diamètre.

Les chaînes doivent être posées avec exactitude, c'est-à-dire sans avoir le moindre jeu sur leur longueur, afin qu'elles transmettent immédiatement le mouvement de chaque couronne à la suivante.

Ce n'est que pendant ce mouvement que l'une des deux chaînes de chaque couple est tendue; car lorsque les essieux et les flèches restent dans leurs positions respectives, ce qui arrive toutes les fois que les voitures se trouvent sur une même droite ou sur une même courbe, les chaînes n'éprouvent aucune tension.

Puisque dans chaque couple de chaînes il n'y en a qu'une qui exerce un effort, pendant le passage d'une droite sur une courbe et réciproquement d'une courbe sur une droite, la tension qu'une chaîne quelconque éprouve est donc seulement égale à la traction nécessaire pour faire tourner deux essieux autour de leurs chevilles ouvrières qui sont, par rapport aux barres, des axes fixes de rotation.

Or, lorsque deux essieux s'inclinent sur la barre qui les sépare, la sellette de chaque train tourne sur son lisoir; les deux roues du même essieu et les deux roues du même côté de la voiture tournent en sens contraire, c'est-à-dire que les deux roues du rail intérieur ou du côté du point de convergence tournent en dedans, ou l'une vers l'autre, et les deux roues du rail extérieur tournent en dehors. La résistance au second mouvement est un frottement de roulement peu considérable que nous évaluons aux 0,005 de la pression; la résistance au premier est un frottement de glissement dont le coefficient est 0,07 en supposant que les surfaces en contact sont lubrifiées d'huile d'olive. Dans cette hypothèse, la tension des chaînes qui unissent les essieux d'une locomotive serait, d'après nos calculs, environ de 600 kilogrammes, et celle des chaînes qui uniraient deux voitures du même poids que la locomotive serait de 1200 kilogrammes. On voit par ces résultats que la force des chaînes des voitures en expérience est deux fois plus grande que la tension à laquelle elles peuvent être soumises.

Pour deux voitures qui se suivent et qui ont même poids, la tension de l'une des chaînes de la flèche est double de la tension de l'une des chaînes des essieux. Ce rapport est beaucoup plus grand lorsque la seconde voiture est plus pesante que la première. Il est donc avantageux, sous ce rapport, que les voitures les plus lourdes d'un convoi soient les premières.

De l'appareil directeur. — La force motrice de la locomotive agit suivant la flèche de cette voiture ou perpendiculairement à l'essieu des roues commandées par la vapeur, et elle se transmet aux flèches des autres voitures par le moyen des timons; la tension des timons diminue en raison des poids des voitures qui précèdent; par exemple, si toutes les voitures avaient le même poids, la tension d'un timon quelconque serait égale à la tension du premier multipliée par le rapport du nombre des voitures qui suivent au nombre total des voitures qui sont remorquées par la locomotive.

Lorsque les voitures ne sont plus sur une même ligne droite, il y a à considérer, à chaque articulation ou cheville ouvrière, la pression sur le rail intérieur provenant de la traction des barres rigides, la force centrifuge qui tend à porter les roues sur le rail extérieur, et le frottement des jantes sur les rails. La première force diminue comme la tension des barres; et pour lui conserver une certaine prépondérance sur la force centrifuge, il serait peut-être utile de mettre les voitures les plus lourdes les dernières. Les autres forces sont proportionnelles au poids des voitures. La résultante de ces forces est peu considérable dans le passage d'une ligne droite à une ligne courbe, et à peu près nulle, lorsque toutes les voitures sont sur la même courbe et que la vitesse de translation n'est pas excessive.

Il n'y a que la cheville ouvrière de l'avant-train de la locomotive ou de la première voiture qui n'a pas de timon et qu'il faut pousser par une force particulière, pour la mettre sur la courbe. L'appareil directeur produit cette force, en s'appuyant sur la face latérale du rail extérieur; et, de plus, il dirige l'essieu perpendiculairement au chemin parcouru. Nous avons trouvé que, dans les circonstances où nous avons considéré le transport sur la courbe de $18^{m},00$ de rayon, cette force est moins de 485 kilogr.

Si l'on mettait un appareil directeur à la seconde voiture, il éprouverait une pression moindre, mais ce n'est pas une raison pour placer la locomotive au second rang. En effet, le plus grand poids de la locomotive étant porté sur les roues commandées par la vapeur, les autres roues de cette machine sont moins chargées que celles de toute autre voiture, de sorte que les roulettes de l'appareil directeur auront à supporter une pression plus forte, si la locomotive est au second rang.

Ainsi, la locomotive doit être la première voiture du convoi, et c'est à l'essieu de son avant-train qu'il faut adapter l'appareil directeur.

De la stabilité des voitures. — Dans le système en usage, le châssis des waggons est porté sur les essieux en dehors des roues. La caisse ou le chargement a, par ce moyen, une plus grande stabilité que si les points d'appui étaient, comme autrefois, en dedans des roues; mais, l'avant et l'arrière-train sont très rapprochés; le châssis dépasse ses appuis de la moitié au moins de la distance qu'il y a entre les essieux; les brancards sont prolongés au-delà des traverses pour recevoir des chaînes d'attache et des tampons élastiques, ou tout autre moyen de communiquer le mouvement d'une voiture à celle qui suit et de diminuer les effets des chocs, si désagréables pour les voyageurs, et si désastreux pour les véhicules et les marchandises dont ils sont chargés.

Dans le système de M. Arnoux, il n'y a jamais de chocs. La communication du mouvement s'effectue nécessairement d'un essieu à un autre, sans la moindre déviation. L'avant et l'arrière-train peuvent être, à toute la distance nécessaire à la stabilité des voitures, dans le sens de leur longueur. On peut même employer, sans inconvénient, une voiture à six roues pour les chargements qui exigent une grande longueur de brancard, ou ceux dont le centre de gravité est fort élevé au-dessus des rails.

Nous avons déjà fait remarquer qu'il était facile de se garantir des deux effets que la force centrifuge tend à produire, et l'on peut s'en convaincre aisément en considérant le mouvement d'un convoi dans le petit cercle de $18^{m},00$ de rayon. Si l'on suppose que le coefficient du frottement de glissement est de $\frac{1}{8}$ ou de 0,125, et que la hauteur du centre de gravité des voitures est de $2^{m},00$ au-dessus du niveau des rails, on trouvera que les voitures ne toucheront pas les rails, si la vitesse n'excède pas $4^{m},80$ par seconde, ou 4 lieues par heure; que les voitures ne tourneront pas autour du rail extérieur si la vitesse est moindre de $8^{m},80$ par seconde, ou de $7^{\text{lieues}},9$ par heure.

Les châssis ou les caisses des voitures de M. Arnoux étant portés par l'intermédiaire des ressorts, sur des lisoirs au-dessous desquels les sellettes et les essieux tournent, comme dans les avant-trains des voitures ordinaires, les caisses sont un peu plus élevées, sont moins stables sur leur largeur que dans le système actuel, et l'on est obligé de donner une grande force au corps et aux fusées des essieux, afin de prévenir la flexion que la charge tend à leur imprimer.

Ces inconvénients ont de la gravité; mais sont-ils inhérents au système de M. Arnoux? ne pourrait-on pas au moins les réduire en augmentant la distance des points d'appui et en diminuant les diamètres des fusées? Les expériences qu'on a faites à Saint-Mandé permettent de croire que les voitures de M. Arnoux ne seront ni moins commodes, ni plus sujettes à des dérangements et à des ruptures que les waggons du système actuel; que les lourdes voitures pesamment chargées sur l'impériale, qui parcourent au grand trot nos routes pavées et empierrées, qui éprouvent tant de chocs et de tiraillements, qui tournent quelquefois si brusquement dans les traverses des villes et des villages.

Différentes objections. — Les inconvénients qu'on a reprochés au système de M. Arnoux et qu'on nous a signalés sont les suivants :

1°. Les chaînes, barres, couronnes, chevilles et autres pièces de chaque train sont très multipliées et peuvent donner lieu chacune à un accident;

2°. L'une des roulettes de l'appareil directeur peut se détacher; il faudrait alors arrêter le convoi jusqu'à ce qu'on pût la remettre en place;

3°. La force motrice est obligée d'imprimer le mouvement au même instant à toutes les voitures du convoi;

4°. Le convoi, ni aucune partie du convoi ne peut reculer; cependant, il arrive assez souvent que pendant le voyage on soit obligé de faire reculer plusieurs voitures du convoi, soit pour en laisser quelques-unes ou en prendre d'autres aux stations que l'on rencontre, soit pour détacher du convoi celles qui ont éprouvé quelques dérangements;

5°. Les timons ou barres rigides qui unissent les voitures, les chaînes qui sont attachées aux couronnes des flèches et des essieux, exigeront un temps considérable pour être enlevées et pour être mises en place; ainsi, lorsqu'il faudra y toucher pendant un voyage, il en résultera des retards très préjudiciables au commerce et à la bonne exploitation du chemin;

6°. Les ouvriers obligés de se mettre entre les roues, sous les essieux, pour attacher ou détacher les chaînes, éprouveront des dangers;

7°. Dans les courbes, tous ces inconvénients seront plus graves que sur les chemins en ligne droite.

Nous ne ferons sur chacun de ces articles qu'un petit nombre d'observations :

1°. Si l'on énumérait le nombre de brides, de boulons, d'écrous et autres pièces qui entrent dans la composition d'un train de voiture ordinaire, on serait étonné du résultat; car si les effets d'une grande vitesse sont à craindre sur les chemins de fer, les cahots, les accrocs et autres accidents ne sont pas moins à redouter sur les routes pavées et empierrées;

2°. Il serait fâcheux que l'une des roulettes de l'appareil directeur se détachât; mais, dans le système actuel, d'autres accidents ne pourraient-ils pas arriver? par exemple, doit-on présenter comme défaut la rupture ou la chute peu probable de l'une des pièces de la locomotive?

3°. Quoique l'expérience ait prouvé que le frottement du fer contre le fer est le même à l'instant du départ qu'à l'état de mouvement, il peut arriver, par différentes circonstances particulières, que la locomotive éprouve d'assez grandes difficultés à mettre en mouvement, au même instant, toutes les voitures d'un convoi; mais, dans ce cas, ne pourrait-on pas aider la force motrice au moment du départ?

4°. Le convoi, dans l'état où il se trouve, lorsqu'il marche dans un sens, ne pourrait marcher en sens contraire; mais si, pour détacher une voiture, il ne s'agit que de faire reculer de quelques décimètres les voitures qui la suivent, rien n'est plus facile. La voiture détachée sortira aisément de la voie, puisqu'elle est montée sur des roues libres et des trains à chevilles ouvrières.

Il est d'ailleurs fort aisé de donner au convoi la propriété d'aller dans les deux sens; il suffit de fixer une seconde couronne à chaque flèche. En effet, cette petite addition étant facile, il n'y aura qu'à changer les attaches des chaînes qui appartiennent à deux voitures, pour que le convoi puisse marcher dans un sens contraire.

Ainsi, le démarrage et la marche par convoi ne seront guère plus difficiles avec le nouveau qu'avec l'ancien système de voitures.

5°. Les assemblages des deux parties des timons, et les attaches des chaînes sur la circonférence des couronnes, peuvent être disposés de manière que la réunion ou la séparation des voitures soit très facile et très prompte. Si, pour le chemin de fer de Saint-Mandé, ces précautions n'ont pas été prises, c'est qu'on ne les avait pas jugées nécessaires;

6°. Les chaînes et les timons sont à $0^{m},60$ environ au-dessus du niveau des rails; ainsi, les ouvriers n'auront pas besoin de se courber pour les attacher ou les démonter; ils n'auront pas plus à craindre que ceux qui sont chargés d'examiner si tous les trains sont en bon état;

7°. Toutes les manœuvres dont nous venons de parler se font aussi aisément dans une courbe que dans une droite, parce que les chaînes ne sont pas plus tendues dans l'une que dans l'autre, que les essieux sont toujours perpendiculaires au chemin que les voitures parcourent.

De la résistance. — Les premières expériences qu'on a faites avec le dynamomètre de M. Morin ont donné, pour le coefficient de la résistance, 0,0075 ou $\frac{1}{133}$. Ce résultat, si fort au-dessus de celui qu'on a obtenu pour les voitures du système en usage, a d'abord étonné; mais en considérant les circonstances dans lesquelles se trouvaient le chemin et les voitures de Saint-Mandé, il a été facile de reconnaître qu'il n'était pas défavorable au système de M. Arnoux.

Le chemin parcouru a une longueur moyenne de $1136^{m},72$. Il est composé de plusieurs lignes droites qui n'ont ensemble que $477^{m},40$, et de plusieurs courbes de 50 à $150^{m},00$ de rayon, qui ont ensemble $659^{m},32$; de sorte qu'on peut le considérer comme une circonférence de cercle dont le rayon aurait $180^{m},915$ de longueur. La différence du développement des deux rails est de $10^{m},524$.

Pour les waggons à essieux tournants, on admet que le passage sur une courbe augmente la résistance en raison inverse du rayon de cette courbe et de 0,003 sur une courbe de $500^{m},00$. L'augmentation de la résistance serait, d'après ces données, de 0,0083 sur le cercle de $180^{m},915$ de rayon.

Pour les voitures du système de M. Arnoux, cette résistance est bien moindre, parce que les essieux sont normaux aux courbes, que les roues se développent sur les rails sans glisser. Les roues qui sont sur le rail intérieur et deux des roues dont les essieux divergent à l'entrée et à la sortie des courbes ont moins de chemin à parcourir que les autres; mais elles ne glissent ni en avant, ni en arrière dans le sens des rails; elles n'éprouvent qu'une simple diminution de vitesse de rotation. Le frottement de roulement et le frottement de rotation autour du centre de la courbe sont peu considérables; il n'en est pas de même du frottement de glissement sur les sellettes des avant et arrière-trains, quand les essieux changent de direction. Nous évaluerons la résultante de toutes ces résistances à 0,0015.

Les roues de la locomotive et du tender sont tournées, celles des cinq autres voitures ne le sont pas. L'expérience prouve que de telles roues présentent une plus grande résistance. Nous devons évaluer cette résistance au moins à 0,0005.

Tous les timons du convoi de Saint-Mandé sont égaux, tandis qu'ils devraient avoir les mêmes longueurs que les flèches qui les précèdent. Ce défaut de construction embarrasse la marche de la locomotive, de son tender et de la voiture à six roues, et il en résulte une augmentation de résistance que nous évaluerons à 0,0010.

Ces trois espèces de résistances, en supposant qu'elles soient bien évaluées, s'élèvent à 0,0030 et réduisent à 0,0045 ou environ $\frac{1}{222}$ la résistance que la force motrice aurait à surmonter sur un railway rectiligne et horizontal.

Résumé. La commission croit nécessaire d'indiquer en peu de mots les avantages et les inconvénients qu'elle a reconnus dans le système de voitures de M. Arnoux :

1°. Avantages du système de M. Arnoux.

Le système de voitures de M. Arnoux paraît avoir tous les avantages que l'auteur s'était proposé d'obtenir.

Un convoi de six voitures remorquées par une locomotive parcourt sans inconvénient des courbes de 50^{m},00 de rayon, avec de grandes vitesses, et même un cercle de 18^{m},00 de rayon avec une vitesse de 3 lieues à l'heure.

Le parcours se fait aussi facilement sur les courbes que sur les droites, et plus régulièrement que dans le système qui est en usage.

Le système de M. Arnoux est applicable à tous les chemins de fer.

Il permettra l'emploi des roues en bois et des voitures légères.

Enfin, il y a lieu de croire qu'il en résultera une notable diminution de dépenses dans la construction et dans l'entretien des chemins de fer et des voitures qui peuvent les fréquenter.

2°. Inconvénients du système de M. Arnoux.

Le convoi et même une partie du convoi ne peut reculer, à moins qu'on ne s'arrête assez longtemps pour déplacer et replacer convenablement les timons, et les chaînes des couronnes qui ont mêmes chevilles ouvrières que ces timons.

Les essieux supportent la charge au milieu de leur longueur.

Les caisses des voitures ont moins de stabilité sur leur largeur que celles des voitures en usage.

Les sellettes éprouvent un frottement de glissement qui remplace en partie, pendant les instants qu'il a lieu, le frottement des jantes sur les rails dans le système de roues à essieux tournants.

Avis. La commission, considérant l'ensemble des avantages et des inconvénients qu'elle vient d'énumérer, et les détails qu'elle a donnés dans son rapport, est d'avis que le système de voitures de M. Arnoux joint, à un but d'utilité réelle, à des moyens neufs et ingénieux, des chances suffisantes de réussite, et qu'il mérite l'attention des ingénieurs chargés de l'établissement et de l'exploitation des chemins de fer.

Paris, 16 octobre 1839.

Les membres de la commission,

DEFONTAINE, KERMAINGANT, FÈVRE.

NOTE I.

Des voitures à roues qui tournent sur les essieux ou qui tournent avec les essieux.

L'usage des chars ou chariots est fort ancien. Ils étaient communs en Égypte du temps de Jacob (1730 ans avant Jésus-Christ). On lit dans la *Genèse*, chap. 45, vers. 17 et 19, Pharaon dit à Joseph qu'il donnât cet ordre à ses frères : Chargez vos ânes de blé, retournez en Chanaan. Ordonnez-leur aussi d'emmener des chars de l'Égypte, pour faire venir leurs femmes avec leurs petits enfants. Vers. 22 et 23 : Joseph leur fit donner des chars selon l'ordre qu'il en avait reçu de Pharaon, et des vivres pour le chemin ; il envoya à son père dix ânes chargés de tout ce qu'il y avait de plus précieux dans l'Égypte, et autant d'ânesses qui portaient du blé et du pain pour le chemin. Chap. 46, vers. 29 : Quand Jacob fut arrivé à la terre de Gosson, Joseph fit mettre les chevaux à son char et vint au même lieu au-devant de son père.

Ainsi, les chars étaient attelés de chevaux, et ne servaient qu'au transport des personnes ; on ne les chargeait pas de marchandises.

On a cité les vers. 6, 7 et 25 du chap. 14 de l'*Exode* comme indiquant que les roues des chars tournaient sur leurs essieux. Voici le texte : « Vers. 6 : Pharaon fit préparer son char de guerre et il prit avec lui tout son peuple; vers. 7 : Il emmena aussi six cents chariots choisis et tout ce qui se trouva de chars de guerre dans l'Égypte, avec les chefs de toute l'armée; vers. 25 : Le Seigneur renversa les roues des chars et ils furent entraînés dans le fond de la mer. » On voit qu'il ne s'agit ici que de chars engloutis et que rien n'indique si les roues tournaient ou non avec leurs essieux.

Salomon avait un grand nombre de chars pour promener ses femmes et ses maîtresses (1015 ans avant J.-C.).

Les bas-reliefs sculptés sur les monuments de Thèbes offrent plusieurs exemples de chars à deux roues et attelés de deux chevaux, et celui d'une voiture de transport montée sur deux roues et dont le timon porte une barre transversale pour attacher les traits des chevaux.

Les chars, leurs roues et leurs timons sont en métal. Les roues tournent autour des essieux ; elles ont six rais et paraissent être de cuivre ou d'airain : elles ont au plus

0^m,75 de diamètre, si l'on en juge par la taille des guerriers qui se tiennent debout dans les chars.

Les Grecs attribuaient l'invention des voitures de charge à Éricthon, quatrième roi d'Athènes (1556). Les Phrygiens passaient pour être les premiers qui firent des voitures à quatre roues pour le transport des marchandises.

Les Scythes mettaient six roues à leurs voitures qui étaient des espèces de maisons mobiles au service de leurs femmes et de leurs enfants.

Xénophon attribue l'invention des chars armés de faux à Cyrus (548), et Étésias à Sémiramis (2007).

On trouve dans l'*Iliade* une description minutieuse des chars de guerre, et particulièrement celle du char de Junon, vers 720. (Homère florissait en 907, et la prise de Troie remonte à 1184). En traduisant littéralement, on lit: « L'auguste déesse Junon, fille du grand Saturne, s'empressa d'équiper les coursiers aux harnais d'or. En même temps, Hébé plaça promptement des deux côtés du char, aux deux bouts de l'essieu de fer, les roues circulaires à huit rayons en airain. Les jantes étaient incorruptibles, ornées d'or, et par-dessus étaient appliqués des cercles d'airain, ouvrage admirable à voir. »

Les Romains avaient seize à dix-sept espèces de voitures qu'ils indiquaient par des noms différents.

Pline dit que les Gaulois ont inventé la charrue à deux roues.

On trouve encore en Irlande et en Espagne des voitures dont les essieux en bois tournent avec les roues qui sont pleines; les Irlandais les nomment *inside car*.

NOTE II.

Des voitures à six roues.

Extrait de l'*Essai sur la construction des routes et des voitures*, par Richard Lovell Edgeworth, traduit de l'anglais en 1827 par M. Paillet, intendant militaire, pages 110 et 111 :

« On a maintes fois essayé d'augmenter le nombre des roues des voitures. On l'a porté » jusqu'à huit. On ne sait pas comment elles étaient disposées. A moins que les essieux » ne puissent converger vers un même point comme des rayons du même cercle, de ma- » nière à les faire tourner autour d'un centre unique et commun, ces roues chasseront » chaque fois que la voiture déviera de la ligne droite.

» Pour obvier à cet inconvénient, M. Anderson a proposé un train de six roues, deux » grandes dans le milieu, deux petites devant et deux autres petites derrière. L'essieu » des grandes roues est fixe, les deux autres essieux tournent sur une cheville ouvrière, » comme dans les voitures ordinaires. Pour faire tourner ensemble ces essieux de ma- » nière à décrire des cercles concentriques à celui dans lequel se meut l'essieu du milieu, » ils sont réunis par une chaîne disposée à cet effet.

» Cette invention a été appliquée à un chariot, il y a bien des années, par Wright de

» Long-Acre, cet ingénieur carrossier, auteur de la fameuse voiture de lord Marth, qui » parcourut 20 milles (32 kilomètres) à l'heure, à New-Market. L'auteur écrit cette page » sur une table supportée par des roues qui sont liées entre elles de cette manière et qu'il » possède depuis plus de trente-sept ans.

» Cette construction a ce singulier avantage, qu'en tournant un coin de rue ou de » fossé, ou une borne, les roues de derrière passent par la même voie que les roues » de devant, de manière que quand celles-ci ont doublé le coin de la borne, les autres » suivent avec sécurité. Avec quatre roues, la base de la voiture aux tournants se trouve » rétrécie, ce qui la rend plus sujette à verser, sans compter que, dans les foules et les » embarras, les roues de derrière, par la manière de tourner, sont exposées à s'em- » brouiller avec celles des autres voitures. »

Note III.

De la position des voitures du système de M. Arnoux dans les courbes.

1. La *fig.* 1, pl. CLXXXVIII, présente les couronnes, les flèches, les timons, la direction des essieux et les chaînes de deux voitures du système de M. Arnoux sur une ligne droite.

Soient, pour la première voiture, A, B, les chevilles ouvrières; $Aa = Bm = r$ le rayon des couronnes fixées aux essieux ab, mp; $AB = f$ la flèche; $B\mu = \varrho$ le rayon de la couronne fixée à la flèche AB du côté de l'arrière-train : pour la seconde voiture, A′ B′ les chevilles ouvrières; $A'a' = B'm' = r'$ le rayon des couronnes des essieux $a'b'$, $m'p'$; $A'B' = f'$ la flèche; $BA' = t$ le timon qui unit les deux voitures.

La direction des essieux est marquée sur les couronnes des essieux par des lignes pleines. Les chaînes qui se croisent entre les couronnes sont représentées par des droites tangentes aux circonférences de ces couronnes, et sont attachées à ces circonférences au-delà des points de contact.

La *fig.* 2 indique séparément les couronnes et les chaînes d'une voiture, la *fig.* 3 une flèche et sa couronne, la *fig.* 4 un timon.

Les couronnes, les flèches et les timons tournent autour des chevilles ouvrières. Une couronne ne peut se mouvoir sans faire mouvoir en sens contraire la couronne suivante. Les deux couronnes de la première voiture se meuvent sans rien changer à la position du timon et des voitures qui suivent. Les flèches ne peuvent changer de direction sans faire mouvoir les couronnes des essieux de la voiture suivante. La dernière voiture peut tourner autour de son avant-train sans déranger les autres voitures.

Pour avoir une idée précise de toutes les positions que les deux voitures peuvent prendre en passant sur une courbe dont le rayon est R, nous considérerons d'abord séparément le mouvement de la suite des flèches et des timons, et celui des couronnes prises deux à deux.

2. La première flèche est en partie sur la courbe, *fig.* 5.

La courbe a son origine en O et son centre en F; AB est la flèche de la première voiture; A, la première cheville ouvrière de cette flèche, est sur la courbe; B, la seconde cheville ouvrière, est sur la droite qui est tangente à la courbe au point O.

Soit θ l'angle ABE que la flèche AB fait, dans cette position, avec la droite BOE. Si du point F on abaisse une perpendiculaire Ff sur AB, on formera un triangle rectangle gFf qui a un angle commun en g avec le triangle rectangle gBO; par conséquent, le troisième angle $gBO = gFf = \theta$.

Soit ω l'angle fFA et, sur AF prolongé, un point C à égale distance de A et de B; on aura

$$f = 2L \sin \omega,$$

$$gO + gF = R, \quad Bg + gf + Af = f, \quad gO = Bg \sin \theta, \quad gf = gF \sin \theta, \quad Af = R \sin \omega.$$

Les deux premières deviennent, à cause des trois suivantes,

$$gO + \frac{gf}{\sin \omega} = R, \qquad \frac{gO}{\sin \theta} + gf = f - R \sin \omega,$$

et l'on en tire

$$gf = \frac{[R - (f - R \sin \omega) \sin \theta] \sin \theta}{\cos^2 \theta},$$

$$gO = \frac{[f - (\sin \theta + \sin \omega) R] \sin \theta}{\cos^2 \theta}.$$

Ainsi,

$$Bg = \frac{f - (\sin \theta + \sin \omega) R}{\cos^2 \theta},$$

$$gF = \frac{R - (f - R \sin \omega) \sin \theta}{\cos^2 \theta},$$

$$Ag = f + \frac{(\sin \theta + \sin \omega) R - f}{\cos^2 \theta}.$$

On a

$$gO = BO \operatorname{tang} \theta, \qquad gf = Ff \operatorname{tang} \theta;$$

donc

$$BO = \frac{f - (\sin \theta + \sin \omega) R}{\cos \theta},$$

$$Ff = \frac{R - (f - R \sin \omega) \sin \theta}{\cos \theta}.$$

3. La flèche est sur la courbe et son dernier point est à l'origine de cette courbe.

La flèche AB étant dans la position que la *fig.* 6 indique, A est la première cheville ouvrière et B la seconde qui est à l'origine O de la courbe. Soit α l'angle ABE, ou la valeur de l'angle θ lorsque la flèche est en AO, on aura

$$f = 2R \sin \alpha.$$

4. Le timon est en partie sur la courbe, *fig.* 7.

La flèche AB est sur la courbe et le timon BA′ y est en partie. Soit η l'angle BA′O que le timon fait avec la droite ÁOH. Si du centre F on abaisse une perpendiculaire sur BA′, on aura l'angle $gFf = \eta$; et, en appelant ϖ l'angle fFB, on aura

$$t = 2L \sin \varpi.$$

5. Le timon est sur la courbe, *fig.* 8.

Le timon BA′ est sur la courbe, ou plus exactement, la première cheville B de ce timon est sur la courbe, et la seconde cheville A′ est à l'origine de cette courbe. Soit β l'angle BA′H, ou ce que devient η lorsque le point A′ est en O, on aura

$$t = 2R \sin \beta, \qquad f = 2R \sin \alpha.$$

6. La flèche de la seconde voiture est en partie sur la courbe, *fig.* 9.

La flèche AB et le timon BA′ sont dans les mêmes positions respectives sur la courbe, que dans la *fig.* 8. Soit θ' l'angle A′B′O que la flèche A′B′ fait avec la droite B′OI. Si du centre F on abaisse une perpendiculaire Fh sur A′B′, on aura l'angle $gFh = \theta'$. Soit ω' l'angle hFA′, on aura

$$f' = 2L' \sin \omega'.$$

7. La flèche de la seconde voiture est sur la courbe, *fig.* 10.

Soit α' l'angle A′OI, ou ce que devient l'angle θ' lorsque la cheville B′ est à l'origine O de la courbe. On aura pour déterminer les angles $\alpha\beta\alpha'$

$$f = 2R \sin \alpha, \qquad t = 2R \sin \beta, \qquad f' = 2R \sin \alpha'.$$

8. Si l'on prend à part deux couronnes avec leurs chaînes, on aura, pour chaque voiture, deux cercles égaux qui peuvent tourner autour de leurs centres, placés aux extrémités de la flèche, *fig.* 11; et, pour deux voitures consécutives, deux couronnes de rayons inégaux qui peuvent tourner autour de leurs centres, placés aux extrémités du timon, *fig.* 12.

On voit que les deux couronnes se meuvent toujours ensemble en sens contraire.

Dans la pratique, les chaînes sont attachées sur la circonférence des couronnes à quelque distance en arrière de leurs premiers points de contact; il suffit que la partie enroulée soit assez longue pour que les roues passent aisément par les courbes; mais dans la théorie, on peut concevoir que les chaînes font un grand nombre de tours sur la circonférence des couronnes; dans ce cas, si l'on enroule l'une des chaînes, en faisant tourner l'une des couronnes, la même chaîne se déroulera de l'autre couronne d'une longueur exactement la même.

9. Par exemple : si l'on fait tourner un essieu ab, *fig.* 11, de manière qu'il décrive l'angle aAC $= \omega$, le point a de la couronne décrira l'arc $ac = r\omega$, et, par le moyen de la chaîne acp, fera décrire au point q l'arc $qp =$ l'arc ac, et à l'essieu mp l'angle mB$n = \omega$. Les directions des deux essieux ab, mp, forment entre elles l'angle

ACB $= 2\omega$, et se rencontrent au point C qui est à une même distance L des chevilles ouvrières A et B ; on aura donc

$$\text{arc}\ ac = \text{arc}\ pq = r\omega, \qquad f = 2\text{L} \sin \omega.$$

10. Si par le changement de la direction de la flèche, le rayon Bμ, *fig.* 12, de la couronne de cette flèche a tourné de manière qu'il fasse l'angle μB$\gamma = \phi$ avec sa position primitive, le point μ décrira l'arc $\mu\gamma = \varrho\phi$, et, par le moyen de la chaîne $\mu\gamma b'$, fera décrire au point b' de la couronne de l'essieu l'arc $b'd'$ = l'arc $\mu\gamma$, et à l'essieu $a'b'$ un angle a'A$'c'$ que nous désignerons par ψ, de sorte qu'on aura arc $a'c'$ = arc $b'd' = r'\psi$. Donc

$$r'\psi = \varrho\phi.$$

Les directions des diamètres $\mu\nu$ et $a'b'$ font entre elles un angle BDA$' = \phi + \psi$, et si l'on appelle M et N les distances BD et A'D, on aura

$$t = \text{M} \sin \phi + \text{N} \sin \psi, \qquad \text{M} \cos \phi = \text{N} \cos \psi,$$

ou bien

$$\text{M} = \frac{t \cos \psi}{\sin(\phi + \psi)}, \qquad \text{N} = \frac{t \cos \phi}{\sin(\phi + \psi)}.$$

Puisque $\varrho < r'$, on aura toujours $\psi < \phi$ et N $<$ M.

La direction de la flèche est toujours perpendiculaire au diamètre $\mu\nu$, de sorte qu'elle fait avec le diamètre $\gamma\lambda$ un angle $\frac{1}{2}\pi - \phi$ égal à l'angle A$'$ Bν.

11. Les couronnes et les barres sont susceptibles d'autres mouvements qu'il importe de connaître.

La flèche peut tourner autour de l'une de ses chevilles ouvrières, sans que les couronnes des essieux correspondants aient un mouvement de rotation propre autour de leurs centres ; de sorte que ces couronnes changent alors de position comme si elles étaient fixées à la flèche, *fig.* 13.

Il en est de même du timon. Les couronnes des essieux de deux voitures qu'il réunit et celle de la flèche de l'une des voitures sont, dans ce cas, comme si elles faisaient corps avec le timon, *fig.* 14.

12. L'une des deux couronnes, qui a même cheville ouvrière qu'une flèche ou un timon, peut tourner autour de sa cheville ouvrière sans que l'autre couronne tourne autour de la sienne, pourvu que la première cheville tourne autour de la seconde d'une quantité convenable, *fig.* 15, 16 et 17.

Dans la *fig.* 15, on a ABA$_1$ = pBq = d_1A$_1d$;

Dans la *fig.* 16, on a BA$'$B$_1$ = b_1A$'d_1$, $\qquad \mu$B$_1\gamma = \frac{r}{\rho}$ BA$'$B$_1$;

Dans la *fig.* 17, on a A$'$ BA$'_1$ = νB$'\lambda'$, $\qquad b'$A$'_1d' = \frac{\varrho}{r}$ A$'$B$'$A$'_1$.

13. Ainsi, dans une suite de plusieurs voitures, les deux couronnes des essieux de la première tourneront autour de leurs centres sans rien changer à la position du timon sui-

vant et des essieux de la dernière voiture, si la flèche de la première ne change pas de direction.

Lorsque la flèche change de direction, les essieux de la deuxième voiture convergent du côté opposé, le timon et la flèche de cette deuxième voiture tendent à tourner autour de certains centres, et tournent en effet selon que le frottement des roues le permet, à moins que des rails ne s'y opposent.

Les flèches peuvent néanmoins changer de position sans faire mouvoir les couronnes des essieux de la voiture suivante, art. 12, *fig.* 15, 16 et 17, lorsque la cheville ouvrière d'une couronne tourne en même temps que cette couronne et que les angles décrits sont entre eux comme les rayons des couronnes.

14. Si l'on dessine toutes les positions que les deux essieux d'une voiture peuvent prendre par rapport à la flèche, en mettant tous les essieux *mp* sur une même droite BG, on aura la *fig.* 18. Le lieu des centres A de la couronne A*a* est le cercle dont le rayon est BA, et le lieu des points C vers lequel les essieux convergent dans chaque position de la flèche BA est la droite GBC.

15. Si l'on dessine toutes les positions que le timon et la flèche peuvent prendre par rapport à l'essieu, *fig.* 17, en mettant toujours cet essieu $a'b'$ sur une même ligne droite A'G, on aura la *fig.* 19, dans laquelle A' est la cheville ouvrière, $A'B = t$ le timon, $BA = f$ la flèche, dans une position quelconque du timon, faisant l'angle $BA'\overline{A} = \psi$ avec la positive $A'\overline{BA}$.

Le lieu des centres B de la couronne de la flèche est la circonférence de cercle dont le rayon est $A'B = t$. Le lieu des points A est une courbe dont on demande l'équation.

On a l'arc $hg =$ l'arc $\mu\gamma$, ou $r'\psi = \rho\varphi$, d'où l'on tire $\varphi = \frac{r'}{\rho}\psi$. On a, pour les angles $A'BP = \frac{1}{2}\pi - \psi$, $A'B\mu = \frac{1}{2}\pi - \varphi$, $AB\gamma = \frac{1}{2}\pi - \varphi$, $PB\lambda = \psi$, $PB\nu = ABU = \varphi + \psi$. Les ordonnées du point B sont $A'P = t\cos\psi$, $PB = t\sin\psi$, et les ordonnées $A'Q = x$ et $QA = y$ sont

$$x = t\cos\psi + f\cos(\varphi + \psi), \qquad y = t\sin\psi + f\sin(\varphi + \psi);$$

ou bien

$$x = t\cos\psi + f\cos\left(\frac{r'}{\rho} + 1\right)\psi,$$

$$y = t\sin\psi + f\sin\left(\frac{r'}{\rho} + 1\right)\psi.$$

L'élimination de ψ entre ces deux équations donnerait l'équation du lieu des points A, entre les coordonnées rectangles x et y.

16. Dans la *fig.* 19, on a $r' = 3\rho = 2t = 7f = 6$, ce qui donne $\varphi = \frac{3}{2}\psi$ et la construction suivante :

Tracez du point A' un cercle dont le rayon $= \rho$. Prenez la moitié de l'arc ij et portez-la trois fois de γ en μ, et sur μB élevez la perpendiculaire $BA = f$. Le point A appartiendra à la courbe qui a pour équation

$$x = t\cos\psi + f\cos\tfrac{5}{2}\psi, \qquad y = t\sin\psi + f\sin\tfrac{5}{2}\psi.$$

Lorsque $r' = 25$, les équations de la courbe sont

$$x = t\cos\psi + f\cos 3\psi, \qquad y = t\sin\psi + f\sin 3\psi.$$

On a $\sin 3\psi = 3\sin^3\psi$, $\cos 3\psi = 4\cos^3\psi - 3\cos\psi$.

Dans le cas de $t = f$, on a $x = f(\cos\psi + \cos 3\psi)$, $y = f(\sin\psi + \sin 3\psi)$, ou

$$x = 2f\cos\psi\cos 2\psi, \qquad y = 2f\sin\psi\sin 2\psi.$$

17. Première position des voitures sur une ligne courbe, *fig.* 20.

Supposons que les voitures entrent dans une courbe dont le rayon est R et que l'avant-train de la première se trouve au point A.

Par hypothèse l'essieu *ab* de l'avant-train est dirigé vers le centre F de la courbe par l'appareil directeur qui est attaché au-dessous. Soit ω l'angle *aAc* qu'il fait avec sa position primitive *cd*, ou la perpendiculaire *cAd* sur la flèche AB, et θ l'angle ABE que la flèche AB fait avec le timon BA'.

L'essieu *mp* de l'arrière-train fait le même angle $mBi = \omega$ avec la perpendiculaire B*i* à la flèche BA (9).

Les deux essieux convergent en un point situé sur la perpendiculaire élevée au milieu de la flèche AB, et, par conséquent, le second essieu ne converge point au centre F de la courbe, mais en un autre point C, et l'on a pour déterminer les distances $AC = BC = L$ l'équation (9)

$$f = 2L\sin\omega.$$

La droite B*n* étant perpendiculaire au timon BA' et la droite B*i* à la flèche BA, l'angle $nBi = ABE = \theta$, et l'angle $mBn = \omega - \theta$. On a, comme dans la *fig.* 5, $OFA = \theta + \omega$.

La distance du point A à la droite BE est exprimée par $f\sin\theta$ et par $R - R\cos(\theta + \omega)$; on aura donc l'équation

$$f\sin\theta = R - \cos(\theta + \omega),$$

ou

$$\frac{f}{R}\sin\theta = 1 - \cos(\theta + \omega), \tag{a}$$

qui donne la relation qui existe entre les angles θ et ω.

18. Les angles θ et ω croissent ensemble depuis 0; leur différence en θ, ou l'angle de convergence *qBp* de l'essieu de l'arrière-train, croit aussi depuis 0, mais elle diminue ensuite et devient nulle lorsque $\theta = \omega$. Il importe de connaître le maximum de cette convergence et le point B de la droite BO où elle a lieu.

Soit

$$\omega - \theta = \xi$$

ou $\theta = \omega - \xi$; l'équation (*a*) deviendra

$$\frac{f}{R}\sin(\omega - \xi) = 1 - \cos(2\omega - \xi). \tag{A}$$

La différentielle de cette équation est

$$\frac{f}{R}(d\omega - d\xi)\cos(\omega - \xi) = 2(d\omega - d\xi)\sin(2\omega - \xi),$$

et le maximum de ξ est donné par la condition $d\xi = 0$, ou

$$\frac{f}{R}\cos(\omega - \xi) = 2\sin(2\omega - \xi). \qquad (B)$$

Ainsi, les équations qui donneront les valeurs de ω et β correspondants au maximum de ξ ou $\omega - \theta$ seront l'équation (a) et la suivante

$$\frac{f}{R}\cos\theta = 2\sin(\omega + \theta). \qquad (b)$$

On aura ensuite (2)

$$BO = \frac{fR - (\sin\omega + \sin\theta)}{\cos\theta}.$$

19. On doit faire remarquer de nouveau que les essieux de la première voiture n'ont aucune influence sur la direction des essieux des voitures suivantes; c'est l'inclinaison seule de la flèche AB de cette première voiture qui fait incliner les essieux de la seconde. Cette flèche ayant décrit l'angle θ, la couronne de cette flèche a décrit l'arc $\nu\mu = \varrho\theta$ et a fait décrire à la couronne A' un arc égal $d'b' = \varrho\theta$. Ainsi, l'angle $d'A'b' = q'B'p' = \frac{\varrho}{r'}\theta$. Donc

$$\omega' = \frac{\varrho}{r'}\theta,$$

et les essieux de la seconde voiture convergent dans un sens opposé à ceux de la première.

En mettant pour θ sa valeur correspondant à $\omega - \theta$ maximum, on aura la valeur correspondante de ω'.

La flèche de la seconde voiture n'ayant pas changé de direction, les essieux de la troisième n'ont éprouvé aucun changement, ni ceux des voitures suivantes.

20. Deuxième position des voitures sur une courbe, *fig.* 21.

La première voiture est sur la courbe et la cheville ouvrière de l'arrière-train est à l'origine de cette courbe. La flèche $AB = f$ forme une corde de cette courbe et les deux essieux ab, mp de la première voiture convergent au centre F. On aura, pour déterminer l'angle 2α que les rayons AF et BF font entre eux l'équation

$$f = 2R\sin\alpha.$$

On voit que l'angle ω qui était nul lorsque la cheville A se trouvait en O, augmente continuellement jusqu'à ce que la cheville B soit parvenue au même point; sa plus grande valeur est donc α et il conserve cette valeur tant que la voiture reste sur la même courbe.

Tandis que l'angle ω croît de o à α, l'angle θ croît de o à α. La différence $\omega - \theta$ croît de o à une certaine valeur maximum qui est déterminée par les équations (a) et (b), et décroît ensuite jusqu'à o, lorsque ω et θ sont devenus chacun égaux à α. On a toujours $\omega > \theta$; ainsi, ω croît d'abord plus rapidement que θ et ensuite, au contraire, c'est θ qui croît plus rapidement que ω.

L'angle de convergence $b'A'd' = p'B'q' = \omega'$ des essieux de la seconde voiture est

$$\omega' = \frac{\rho}{r'}\alpha,$$

et ces essieux convergent encore dans un sens opposé à ceux de la première.

Les essieux des voitures suivantes n'ont éprouvé aucun changement de direction.

21. Troisième position des voitures sur une courbe, *fig.* 22.

L'arrière-train de la première voiture a dépassé l'origine de la courbe. Les différentes parties de la première voiture n'éprouvent plus entre elles aucun changement, tant que cette voiture reste sur la même courbe. Dans la position où nous la considérons maintenant, sa flèche AB fait avec le timon BA' l'angle ABE $= \theta$, et le timon BA' fait l'angle BA'H avec la flèche A'B' de la seconde voiture qui est tout entière sur le chemin rectiligne.

La droite Bn étant perpendiculaire à AB et Bi à BA', l'angle nBi = ABE $= \theta$; ainsi, l'angle pB$j = \theta - \alpha$, BFO = BA'H + pB$j = \eta + \theta - \alpha$.

La droite A'c' étant perpendiculaire à A'O et A'i' à A'B, on a l'angle $c'A'i' = BA'\theta = \eta$.

Les couronnes qui sont aux extrémités du timon BA' étant de rayons différents, on est dans le cas de l'art. 10. Ainsi, en conservant toujours les mêmes dénominations, on aura arc $\gamma\mu$ = arc $j'b'$ et

$$\varphi = \theta - \alpha, \qquad \psi = \frac{\rho}{r'}\theta.$$

Les distances BD = M, A'D = N, seront déterminées par les formules

$$M = \frac{t\cos\psi}{\sin(\varphi+\psi)}, \qquad N = \frac{t\cos\varphi}{\sin(\varphi+\psi)}.$$

L'angle de convergence des essieux de la seconde voiture est $b'A'd' = \psi - \eta$, donc

$$\omega' = \psi - \eta \quad \text{ou} \quad \omega' = \frac{\rho}{r'}\theta - \eta.$$

On trouvera l'équation de relation entre les angles η et θ au moyen des deux expressions de la distance du point B à la droite A'H, savoir : $t\sin\eta = R - R\cos(\eta + \theta - \alpha)$, ou bien

$$\frac{t}{R}\sin\eta = 1 - \cos(\eta + \theta - \alpha).$$

22. On voit, par les *fig.* 16, 17 et 18, que ω' croît depuis $\theta = 0$ jusqu'à une certaine position de BA′ et décroît ensuite jusqu'à $\theta = \alpha + \beta$. Pour avoir la valeur maximum de ω', on substituera pour η sa valeur

$$\eta = \frac{\varrho}{r'}\theta - \omega' \qquad \text{(A)}$$

dans l'équation précédente qui deviendra

$$\frac{t}{R}\sin\left(\frac{\varrho}{r'}\theta - \omega'\right) = 1 - \cos\left(\frac{\varrho}{r'}\theta - \omega' + \theta - \alpha\right), \qquad \text{(B)}$$

et l'on en déduira, par la condition $d\omega' = 0$, l'équation

$$\frac{t}{R}\frac{\varrho}{r'}\cos\left(\frac{\varrho}{r'}\theta - \omega'\right) = \left(\frac{\varrho}{r'} + 1\right)\sin\left(\frac{\varrho}{r'}\theta - \omega' + \theta - \alpha\right). \qquad \text{(C)}$$

Les trois équations (A), (B) et (C) donneront le maximum de ω' et les valeurs de θ et η correspondantes. On déterminera ensuite la distance OA′ à laquelle ce maximum a lieu.

23. La flèche A′B′ de la seconde voiture étant encore sur la ligne droite B′A′O, les essieux de toutes les voitures suivantes n'ont éprouvé aucun changement de direction.

24. Quatrième position des voitures sur une courbe, *fig.* 23.

L'avant-train de la seconde voiture est arrivé à l'origine de la courbe. Le point A′ ou la seconde cheville du timon BA′ étant en O, la flèche A′B′ est tangente à cette courbe en O, l'angle BOH est devenu β, ou

$$\eta = \beta \quad \text{et} \quad \theta = \alpha + \beta,$$

et pour déterminer β, on a l'équation (5)

$$t = 2R\sin\beta.$$

Par conséquent pBj ou $\phi = \beta$, $b'A'j' = hDA'$ ou $\psi = \frac{\varrho}{r'}(\alpha + \beta)$, $b'A'd'$, ou

$$\omega' = \frac{\varrho}{r'}(\alpha + \beta) - \beta.$$

On voit donc que, lorsque le timon BA′ entre dans la courbe et passe de la position indiquée dans la *fig.* 16 à celle de la *fig.* 18, l'angle η croît de 0 à β, θ de α à $\alpha + \beta$, ϕ de 0 à β, ψ de $\frac{\varrho}{r'}\alpha$ à $\frac{\varrho}{r'}(\alpha + \beta)$, ω', qui était $\frac{\varrho}{r'}$, a augmenté, puis a diminué jusqu'à $\frac{\varrho}{r'}(\alpha + \beta) - \beta$.

Les essieux de la seconde voiture sont encore convergents dans un sens contraire à ceux de la première, ou droits, ou convergents dans le même sens, selon que $\frac{\varrho}{r'}(\alpha + \beta) - \beta$ sera positif, nul ou négatif.

La flèche de cette seconde voiture étant toujours sur la ligne droite B'A'O, les essieux des voitures suivantes n'ont éprouvé aucun changement de direction.

25. Cinquième position des voitures sur une courbe, *fig.* 24.

L'avant-train de la seconde voiture est sur la courbe. La flèche AB et le timon BA' se trouvant sur la courbe, la première voiture et ses essieux, le timon qui la suit et l'essieu de l'avant-train de la seconde voiture, n'éprouveront aucun changement dans leurs positions respectives, lorsqu'ils avanceront sur la courbe OBA; par conséquent, ils seront dans la *fig.* 24 comme dans la *fig.* 23, et l'on aura

$$\text{AFB} = 2\alpha,\ \text{BDA}' = \varphi + \psi,\ \text{ABE} = \alpha + \beta,\ p\text{B}j = \varphi = \beta,\ \psi = \frac{\varrho}{r'}(\alpha + \beta).$$

La flèche A'B' change de direction à mesure que la seconde voiture avance dans la courbe. Elle fait, dans la position où nous la considérons, avec la droite B'OI, l'angle $\text{A}'\text{B}'\text{I} = \theta'$ et avec le timon BA' l'angle $\text{BA}'\text{H} = \eta$. On voit que $\eta > \beta$.

La droite $\text{A}'c'$ étant perpendiculaire à A'B' et $\text{A}'i'$ à A'B, l'angle $c'\text{A}'i' = d'\text{A}'j' = \text{EAH} = \eta$. Si donc ω' est l'angle de convergence des essieux $a'b'$ et $m'p'$, on aura $\eta = \psi + \omega'$, d'où l'on tire

$$\omega' = \eta - \psi.$$

Soit R' les distances égales A'C et B'C, on aura l'équation

$$f' = 2\text{R}' \sin \omega'.$$

On prouvera aisément, comme dans la *fig.* 5, que l'angle $\text{A}'\text{GO} = \theta' + \omega'$.

26. La distance du point A' à la droite B'OI est égale à $f' \sin \theta'$, et égale à $\text{GO} - \text{GA}' \sin(\theta' + \omega')$. Or, $\text{GO} = \text{R} + \text{FG}$, $\text{GA}' = \text{N} + \text{GD}$, $\text{FD} = \text{R} - \text{M}$, M et N sont connues :

$$\frac{\text{FG}}{\text{FD}} = \frac{\sin(\beta + \psi)}{\sin(\theta' + \omega')},\quad \frac{\text{GD}}{\text{FD}} = \frac{\sin(\beta + \psi + \theta' + \omega')}{\sin(\theta' + \omega')}.$$

Par conséquent,

$$\text{GO} = \text{R} + (\text{R} - \text{M})\frac{\sin(\beta + \psi)}{\sin(\theta + \omega')},$$

$$\text{GA}' = \text{N} + (\text{R} - \text{M})\frac{\sin(\beta + \psi + \theta' + \omega')}{\sin(\theta' + \omega')},$$

$$f' \sin\theta' = \text{R} + (\text{R} - \text{M})\frac{\sin(\beta + \psi)}{\sin(\theta' + \omega')} - \text{N}\sin(\theta' + \omega') - (\text{R} - \text{M})\sin(\beta + \psi + \theta' + \omega').$$

C'est l'équation de relation entre θ' et ω', ou bien entre θ' et η, puisque $\omega' = \eta - \psi$.

27. Sixième position des voitures sur les courbes, *fig.* 25.

L'arrière-train de la seconde voiture est arrivé à l'origine de la courbe. Soit ω' l'angle A'B'I que la flèche A'B' fait avec la droite B'I tangente en O à la courbe. L'angle BA'H que la même flèche fait avec le timon A'B sera donc $= \beta + \alpha'$. On a pour déterminer l'angle α' l'équation (7)

$$f' = 2R \sin \alpha',$$

et pour déterminer la distance $A'C = B'C = R'$,

$$f' = 2R' \sin \varpi',$$

en désignant par ϖ' ce que devient ω' lorsque η devient $\beta + \alpha'$. On a (22) $\omega' = \eta - \psi$, et par conséquent

$$\varpi' = \beta + \alpha' - \frac{\varrho}{r'}(\alpha + \beta).$$

28. Observations.

Pendant que les deux voitures cheminent sur la courbe, les essieux de la première voiture sont constamment dirigés vers le centre de cette courbe par l'appareil directeur qui est fixé à l'essieu de l'avant-train; mais les deux essieux de la seconde convergent vers un autre point C qui est sur la perpendiculaire menée par F sur A'B'.

La deuxième voiture, au moyen de la couronne attachée à la flèche A'B', fait éprouver à la troisième voiture les mêmes changements que lui a fait éprouver la flèche de la première. Et ainsi de suite, pour toutes les autres voitures du convoi.

En général, lorsque les voitures parcourent une courbe, les timons et les rayons des couronnes ayant des longueurs quelconques, les essieux de la première sont dirigés vers le centre de cette courbe par l'appareil directeur, et les essieux de toutes les autres voitures sont dirigés vers d'autres points.

29. Comme il est à desirer que les essieux soient normaux aux courbes, lorsque les voitures entrent dans ces courbes, et lorsqu'elles les parcourent, nous examinerons d'abord si l'on ne pourrait pas déterminer certaines dimensions du système de manière que les essieux fussent dirigés suivant le rayon OF lorsque la cheville ouvrière de l'avant-train se trouve au point O.

Dans cette position, qui est celle de l'art. 18, l'angle de convergence $b'Ad'$ est (24), $\omega' = \frac{\varrho}{r'}(\alpha + \beta) - \beta$, et pour qu'il soit nul, il faut que $\frac{\varrho}{r'}(\alpha + \beta) - \beta = 0$, ce qui donne l'équation de condition

$$\varrho = \frac{\beta}{\alpha + \beta} r'.$$

On voit que ϱ ou le rayon de la couronne de la flèche doit être plus petit que le rayon de la couronne des essieux suivants; que ce rayon ϱ dépend du rayon R de la courbe, puisque α et β sont donnés par les équations $f = 2R \sin \alpha$, $t = 2R \sin \beta$.

On a $\phi = \beta$, et l'équation de condition donne $\psi = \beta$; donc $M = N = R$.

La même condition réduit la valeur (24) $\varpi' = \beta + \alpha' - \frac{\varrho}{r'}(\alpha + \beta)$, à $\varpi' = \alpha'$, et par conséquent $R' = R$.

30. On voit donc que si l'on détermine, pour une courbe dont le rayon est R, le rayon de la couronne de chaque flèche par la formule

$$\rho = \frac{\beta}{\alpha + \beta} r',$$

dans laquelle α et β sont tels, que $f = 2\text{R} \sin \alpha$ et $t = 2\text{R} \sin \beta$, les essieux de toutes les voitures qui entrent dans cette courbe ou qui la parcourent seront normaux à sa circonférence.

31. Il faut maintenant chercher, dans l'hypothèse de l'article précédent, les moyens de rendre le rapport $\frac{\beta}{\alpha + \beta}$ indépendant de R. Il n'y en a que deux : le premier consiste à donner aux rayons des courbes une longueur assez grande, par rapport à f et à t, pour que ces lignes puissent être prises pour les arcs Rα et Rβ, car on aura approximativement

$$\rho = \frac{t}{f + t} r'.$$

L'autre moyen, c'est de faire le timon qui suit chaque voiture égal à la flèche de cette voiture. En effet, si $t = f$, on aura $\beta = \alpha$, et la formule donnera

$$\rho = \tfrac{1}{2} r'.$$

Dans ce cas, qui est le seul exact, et qui convient aux courbes de tous les rayons, le rayon de la couronne de la flèche d'une voiture est donc moitié plus petit que le rayon des couronnes des essieux de la voiture suivante.

32. Ainsi, la règle à suivre dans le système de M. Arnoux, c'est que la flèche de chaque voiture et le timon suivant soient de même longueur et que le rayon de la couronne de chaque flèche soit moitié plus petit que le rayon des couronnes fixées aux essieux de la voiture suivante.

33. Les voitures sortent de la courbe pour suivre une ligne droite, *fig.* 26.

Supposons que les deux voitures que nous avons fait entrer sur la courbe dont le rayon est R, *fig.* 20 à 25, sortent de cette courbe pour cheminer sur une ligne droite tangente à cette courbe en O, *fig.* 26, et considérons d'abord leur position lorsque l'avant-train de la première est en A sur la droite et l'arrière-train sur la courbe.

Les deux voitures se trouvent sur la courbe dans la position qui est indiquée dans la *fig.* 25. Nommons, pour la nouvelle position, k l'angle IAT que la flèche AB fait avec la droite AT tangente en O à la courbe ; l l'angle EBI que le timon BA' fait avec la flèche AB. Nous conserverons toutes les autres dénominations. Le timon BA' et la flèche A'B' étant sur la courbe, l'angle HA'E $= \alpha' + \beta$, l'arc BA' $= 2\text{R}\beta$, l'arc A'B' $= 2\text{R}\alpha'$; on a

$$t = 2\text{R} \sin \beta, \quad f' = 2\text{R} \sin \alpha'.$$

On a, angle $n\text{B}i$ = EBI, arc $\mu\nu$ = arc $a'i'$; donc

$$k + \varphi = l, \qquad \rho l = r' \psi.$$

On a pour déterminer AG = BG, A'C = B'C, BD, A'D, les équations

$$f = 2L \sin k, \qquad f' = 2L' \sin \omega',$$

$$M = \frac{t \cos \psi}{\sin(\varphi + \psi)}, \qquad N = \frac{t \cos \varphi}{\sin(\varphi + \psi)}.$$

On voit aussi que $c'A'i' =$ HA'E, ou bien

$$\beta + \alpha' = \psi + \omega'.$$

Il reste encore à déterminer la valeur de l en fonction de k. Abaissons du centre F la perpendiculaire Fg sur la flèche AB; nous aurons gFO $= k$, A'BF + FBA + ABE $= \pi$; et, en nommant ξ l'angle BFg, $\frac{1}{2}\pi - \beta + \frac{1}{2}\pi - \xi + l = \pi$. Donc

$$\xi = l - \beta.$$

Les deux expressions de la distance du point B à la droite TAOt donnent l'équation $f \sin k = R - R \cos(k + \xi)$, ou

$$\frac{f}{R} \sin k = 1 - \cos(k + l - \beta)$$

qui existe entre k et l.

34. La première voiture est sortie de la courbe, mais son arrière-train est encore à l'extrémité O de cette courbe, *fig.* 27.

On a TBE $= \beta$, EA'H $= c'A'i' = \beta + \alpha'$, $r' \psi = \rho\beta$, $\beta + \alpha' = \psi + \omega'$. Donc

$$\varphi = \beta, \quad \psi = \frac{\rho}{r'}\beta, \quad \omega' = \beta + \alpha' - \frac{\rho}{r'}\beta,$$

$$t = 2R \sin \beta, \quad f' = 2R \sin \alpha', \quad f' = 2L' \sin \omega'.$$

On voit que l'angle de convergence ω' des roues de la seconde voiture est plus grand que ceux que les mêmes essieux ont pris lorsque les voitures sont entrées dans la courbe.

35. La première voiture est au-delà de la courbe et la seconde voiture est en-deçà de la ligne droite, *fig.* 28.

Soient les angles TBE $= l$, EA'H $= m$. Nous aurons $c'A'i' = j'A'd' =$ EA'H, ou $m = \omega' + \psi$; arc A'B' $= R\alpha'$; arc $\mu\nu =$ arc $a'i'$, ou $\rho\varphi = r'\psi$. Du centre F abaissons la perpendiculaire Fg sur le timon BA' et nommons ζ l'angle A'Fg; nous aurons B'A'F + FA'B + BA'H $= \pi$, ou $(\frac{1}{2}\pi - \alpha') + (\frac{1}{2}\pi - \zeta) + m = \pi$, savoir, $\zeta = m - \alpha'$. Par conséquent,

$$\varphi = l, \quad \psi = \frac{\rho}{r'} l, \quad \omega' = m \frac{\rho}{r'} l, \quad \zeta = m - \alpha',$$

$$f' = 2R \sin \alpha', \qquad f' = 2L \sin \omega'.$$

Les deux expressions de la distance du point A' à la droite TOt donnent l'équation entre l et m, savoir : $t \sin l = R - R\cos(\zeta + l)$, ou

$$\frac{t}{R}\sin l = 1 - \cos(m - \alpha' + l).$$

Dans la position que nous considérons $l < \beta$ et $m < \beta + \alpha'$; ainsi l'angle de convergence ω' est plus petit dans la *fig.* 23 que dans la *fig.* 22.

36. L'avant-train de la deuxième voiture est à l'origine de la droite, *fig.* 29.

On déduira les valeurs qui appartiennent à cette position en faisant $l = 0$ dans les formules qui donnent celles qui appartiennent à la *fig.* 28. On aura

$$m = \alpha', \quad \varphi = 0, \quad \psi = 0, \quad \omega' = \alpha', \quad \zeta = 0, \quad f' = 2R\sin\omega'.$$

37. Les voitures continuent d'avancer sur la ligne droite, l'angle HOT diminue et devient nul ; alors tous les essieux sont perpendiculaires à la ligne droite OT.

On peut remarquer que dans le passage de la courbe à la ligne droite, il n'y a aucune condition à remplir pour que les essieux soient tous perpendiculaires à cette ligne droite, ce qui devait être ; mais, dans ce passage, l'angle de convergence des essieux est plus grand que dans le passage de la droite à la courbe.

38. La *fig.* 30 présente un convoi de voitures sur une courbe ; chaque timon est égal à la flèche qui précède, et le rayon de la couronne de chaque flèche est moitié plus petit que le rayon des couronnes d'essieux de la voiture suivante. Tous les essieux sont normaux à la courbe.

La *fig.* 31 présente le même convoi passant sur une courbe en forme d'S, lorsqu'un arrière-train est au point d'inflexion. Les essieux de la voiture suivante convergent vers un point moins éloigné que le centre et qui est plus rapproché de la courbe que lorsque le convoi passe d'une courbe sur une ligne droite.

La *fig.* 32 présente le même convoi lorsqu'un avant-train est au point d'inflexion. Les essieux de toutes les voitures sont normaux aux courbes.

39. Les *fig.* 33 et 34 présentent, à l'échelle de $\frac{1}{50}$, les voitures du système de M. Arnoux passant d'un chemin droit sur un chemin circulaire dont le rayon des rails intérieurs est de $18^{m},00$. Dans la *fig.* 33, un avant-train est à l'origine de la courbe et tous les essieux sont normaux aux rails. Dans la *fig.* 34, un arrière-train est à l'origine de la courbe et les essieux de la voiture suivante sont divergents. Les essieux des autres voitures sont normaux aux rails.

40. La *fig.* 35 présente, à l'échelle de $\frac{1}{50}$, le plan d'un convoi de waggons à essieux tournants, passant d'un chemin droit sur un chemin circulaire, dont le rayon du rail intérieur est de $18^{m},00$.

NOTE IV.

Calcul des lignes et des arcs de cercle que l'on peut considérer dans une voiture du système de M. Arnoux lorsqu'elle se trouve sur une courbe.

1. Les essieux sont dirigés au centre F, *fig*. 36.

Soient $AB = a$, $Aa = Bm = r$, $A\mu = \varrho$, $AC = e$, $DC = r$, $AF = R$, $AFB = 2\alpha$; et par conséquent $dAb = qBp = \alpha$. On a

$$a = 2R \sin \alpha, \qquad Ff = R \cos \alpha,$$

$$\text{arc } ac = \text{arc } mn = r\alpha, \qquad \text{arc } \mu\gamma = \varrho\alpha,$$

$$ED = r \sin \alpha, \quad CE = r \cos \alpha, \quad Ae = e \cos \alpha, \quad eC = e \sin \alpha,$$

$$ki = lj = e \,\text{tang}\, \alpha, \qquad Bk = Bl = \frac{e}{\cos \alpha}.$$

Des points J et K on mène des droites au centre F, et l'on a

$$IJ = \sqrt{[(R + 2e)^2 + r^2]} - (R + 2e),$$

$$LK = \sqrt{(R^2 + r^2)} - R.$$

2. Des points H et h on mène des droites parallèles à Ff perpendiculaire à BA, et l'on demande l'expression des distances HG et hg, *fig*. 37.

Soit un cercle, dont le rayon est $OF = L$, rapporté aux coordonnées rectangles $OM = x$ et $MP = y$, OQ étant la tangente au point O. On aura

$$(L \sin \alpha - x)^2 + (L \cos \alpha + y)^2 = L^2,$$

ou bien

$$y^2 + 2L\, y \cos \alpha + x^2 - 2Lx \sin \alpha = 0,$$

et

$$y = - L \cos \alpha \pm \sqrt{(L^2 \cos^2 \alpha - x^2 + 2Lx \sin \alpha)}.$$

Pour $OQ = r$, on a

$$OM = r \cos \alpha,$$

$$MP = - L \cos \alpha \pm \sqrt{[(L^2 - r^2) \cos^2\alpha + 2Lr \sin \alpha \cos \alpha]}.$$

On a $MQ = r \sin \alpha$, donc

$$PQ = r \sin \alpha + L \cos \alpha \mp \sqrt{[(L^2 - r^2) \cos^2\alpha + 2Lr \sin \alpha \cos \alpha]}.$$

En faisant $L = R + e$, on obtiendra la valeur de GH, *fig*. 36; en faisant $L = R - e$, celle de gh.

3. Soient, pour l'une des voitures,

$$a = 2^m,80, \quad r = 0^m,50, \quad \varrho = 0^m,25, \quad e = 0^m,8375, \quad r = 0^m,50, \quad R = 18^m,8375.$$

On trouvera, en degrés,

$$\alpha = 4^\circ\, 15'\, 43'',7.$$

Le rayon étant 1,

$$\alpha = 0,0744,$$

$$Ff = 18^m,7852, \quad \text{arc } ac = \text{arc } mn = 0^m,0372, \quad \text{arc } \mu\nu = 0^m,0186,$$

$$ED = 0^m,0372, \quad CE = 0^m,4986, \quad Ae = 0^m,8352,$$

$$eC = 0^m,0622, \quad ki = lj = 0^m,0624, \quad Bk = Bl = 0^m,8398,$$

$$IJ = 0^m,0061, \qquad KL = 0^m,0066.$$

4. Lorsque deux voitures semblables à la précédente entrent dans la courbe, l'angle de convergence le plus grand est $\alpha = 4^\circ\, 15'\, 43'',7$. Lorsqu'elles sortent de la courbe et que l'arrière-train de la première est à l'origine de cette courbe, on a pour l'angle de convergence des essieux de la seconde,

$$\omega' = \beta + \alpha' - \frac{\varrho}{r'}\beta.$$

Or, dans l'hypothèse de $f = t$, on a

$$\beta = \alpha, \quad \alpha' = 0, \quad \frac{\varrho}{r'} = \tfrac{1}{2} \text{ et } \omega' = 2\alpha - \tfrac{1}{2}\alpha = \tfrac{3}{2}\alpha = 3^\circ\, 11'\, 47'',775,$$

et pour la valeur correspondante,

$$L = \frac{a}{2 \sin \omega'} = R \frac{\sin \alpha}{\sin \omega'} = 25^m,108.$$

Note V.

Calcul de la tension des chaînes.

1. Lorsque les essieux s'inclinent sur la barre rigide, aux extrémités de laquelle sont leurs chevilles ouvrières, ils font tourner les roues, les couronnes, les sellettes, et il se produit : 1° entre les sellettes et les lisoirs un frottement de glissement ; 2° entre les jantes et les rails un frottement de roulement par rapport au centre des roues, et un frottement de rotation autour du centre de convergence. Les forces qui surmontent ces résistances sont transmises par l'une des chaînes qui sont attachées aux couronnes des essieux et des flèches.

Le premier frottement n'a lieu que pendant les instants que les essieux changent de position, les seconds ont lieu tant que les voitures se meuvent sur la même courbe

2. Pendant que les essieux s'inclinent en sens contraire, les roues de chaque essieu,

et celles du même côté de la voiture, tournent en sens contraire; c'est-à-dire que les deux du rail intérieur tournent en dedans ou l'une vers l'autre, et les deux roues du rail extérieur tournent en dehors, ainsi qu'il est indiqué par des flèches sur la *fig.* 38.

Soit α l'angle de convergence des essieux, 2α sera l'angle qu'ils formeront entre eux. Chacune des roues, en passant de leurs positions primitives à leurs positions nouvelles, décrivent les arcs dD, nN en dedans et les arcs cC, mM en dehors; chacun de ces arcs est égal à $e\alpha$, et l'angle qu'il mesure $= \frac{e}{r}\alpha$, en désignant, comme ci-dessus, par $2e$ et $2r$, la distance des rails et le diamètre des roues.

3. Soient A le poids de la voiture et de son chargement, C le poids qui est porté par les deux sellettes, K le poids de deux trains, de la flèche et des portions de timon qui tiennent aux trains; Q le poids des roues; savoir : $A = C + K + Q$. Soient s le rayon de la sellette, f le coefficient du frottement de glissement. La résistance à surmonter pour faire tourner les sellettes sous les lisoirs sera fC et le moment de cette force sera fCs, *fig.* 39.

Les fusées portent le poids $C + K$ et les rails le poids $C + K + Q = A$. Soit ff le coefficient des deux espèces de frottement que les jantes des roues éprouvent lorsque les essieux s'inclinent, ffA sera la résistance qu'il faudra surmonter, et $ffAe$ le moment de cette force, *fig.* 39.

Soit T la tension de la chaîne qui opère l'inclinaison des essieux d'une voiture, on aura

$$Tr = fCs + ffAe,$$

d'où

$$T = \frac{s}{r}fC + \frac{e}{r}ffA.$$

Soit τ la tension de la chaîne qui transmet le mouvement de la flèche d'une voiture à la voiture suivante, dont le poids est $A' = C' + K' + Q'$. On aura

$$\tau\varrho = fC's' + ffA'e,$$

d'où

$$\tau = \frac{s'}{\varrho}fC' + \frac{e}{\varrho}ffA'.$$

4. Exemple : Soient $r = 0^m,50$, $\varrho = 0^m,25$, $e = 0^m,8375$. D'après les expériences de M. Morin, le frottement de fer sur fer avec enduit d'huile d'olive est le 0,070 de la pression; on doit donc faire $f = 0,07$. Le changement d'inclinaison des essieux s'opérant par le développement des jantes sur les rails, on peut supposer que $ff = 0,005$.

Soient $s' = s = 0^m,50$; les deux formules de l'article précédent deviendront

$$T = 0,07\,C + 0,008375\,A, \qquad \tau = 0,14\,C' + 0,016750\,A'.$$

Le poids de la locomotive est de 8500 kilogrammes; celui de son tender 3000 kilogrammes.

Supposons que A = 8500 kilog., C = 7500, A′ = 3000, C′ = 2000; nous aurons

$$T = 596^k,187, \qquad \tau = 330^k,25.$$

Pour une voiture légère portant l'appareil régulateur, suivie de la locomotive, nous aurons

A = 3000, C = 2000, A′ = 8500, C′ = 7500, $T = 165^k,125$, $\tau = 1192^k,375$.

Pour deux voitures semblables, nous aurons

A = 4500, C = 3500, A′ = 4500, C′ = 3500, $T = 282^k,687$, $\tau = 565^k,375$.

Note VI.

De l'appareil directeur.

1. La force motrice agit suivant la flèche BA, *fig.* 40, et se transmet aux flèches suivantes par le moyen des timons. Soient A le poids de la locomotive, $A_1 A_2 \ldots A_m A_{m+1} \ldots A_{m+n}$, les poids des voitures qui sont entraînées par la locomotive; la résistance G, que la force motrice de la locomotive surmontera, sera

$$G = f(A + A_1 + A_2 \ldots + A_m + A_{m+1} + A_{m+2} \ldots + A_{m+n}),$$

et la tension H_1 du premier timon BA′ est

$$H_1 = f(A_1 + A_2 \ldots + A_m + A_{m+1} + A_{m+2} \ldots + A_{m+n});$$

et celle H_m du $m^{ième}$ timon est

$$H_m = f(A_m + A_{m+1} + A_{m+2} \ldots + A_{m+n}).$$

2. Si toutes les voitures avaient le même poids A_1, on aurait

$$H_1 = f(m+n)A_1; \quad H_m = fnA_1 \text{ et } H_m = \frac{n}{m+n} H_1.$$

C'est-à-dire que la tension d'un timon quelconque est égale à la tension du premier multipliée par le rapport du nombre des voitures qui suivent ce timon au nombre total des voitures qui sont entraînées par la locomotive.

3. Dans l'expérience du 11 septembre 1839, on avait, en faisant $f = 0,005$,

$A = 8500$ kil.	$A_6 = 4137,60$	$H_6 = 20,69$
$A_1 = 3000$	$A_5 + A_6 = 6737,60$	$H_5 = 33,68$
$A_2 = 4055,64$	$A_4 \ldots A_6 = 8937,60$	$H_4 = 44,68$
$A_3 = 4055,64$	$A_3 \ldots A_6 = 12993,24$	$H_3 = 64,97$
$A_4 = 2200,00$	$A_2 \ldots A_6 = 17048,88$	$H_2 = 85,24$
$A_5 = 2600,00$	$A_1 \ldots A_6 = 20048,88$	$H_1 = 100,24$
$A_6 = 4137,60$	$A \ldots A_6 = 28548,88$	$G = 142,74$

4. La locomotive et les autres voitures étant liées entre elles par des barres rigides,

la force de traction s'exerce sur la longueur des flèches et des timons, et produit, à chaque articulation ou cheville ouvrière, une pression sur le rail intérieur. Cette pression, que nous désignerons par P marqué du numéro de la voiture, n'est pas, ainsi qu'on le voit à l'inspection de la *fig.* 41, dirigée suivant l'essieu de l'arrière-train de la locomotive et l'essieu de la voiture suivante. En effet, les forces G et H_1 sont inégales et $AB = BA' > A'B$. Dans les voitures $A'B'A''B''$, dont les flèches sont égales, et par conséquent les timons, la pression a lieu suivant les essieux dont les chevilles ouvrières sont $B'A''B''$. En A'', cette pression est

$$P_2 = 2H_2 \sin \alpha_2,$$

α_2 étant déterminé par l'équation

$$f_2 = 2R \sin \alpha_2.$$

5. Les voitures roulant sur la courbe avec une vitesse plus ou moins grande, il faut avoir égard à la force centrifuge qui tend à les pousser sur le rail extérieur, et au frottement de glissement qui agit en sens contraire. Nous nous bornerons à donner quelques aperçus sur les évaluations de ces deux espèces de forces.

Soient u la vitesse de translation des voitures, g la gravité, k le coefficient du frottement. La vitesse étant u mètres par seconde, sera $3,6u$ kilomètres par heure, et $0,9u$ lieues de 4 kilomètres par heure.

Si la voiture dont le poids est A était isolée, elle éprouverait une force centrifuge $\frac{u^2}{gR}A$ et un frottement kA.

6. Nous prendrons les données numériques des exemples précédents et nous supposerons que $u = 4^m,50$, qui est la vitesse qu'on a imprimée au convoi dans la petite courbe de $18^m,00$ de rayon. Cette vitesse donne $4^{\text{lieues}},05$ par heure et

$$\frac{u^2}{gR} = 0,109\,09$$

D'après les expériences de M. Morin, le coefficient du frottement du fer sur fonte, sans enduit, est 0,194; du fer sur fer, sans enduit, est 0,138. Or, les jantes des roues qui tournent sur des rails, n'éprouvent pas, en glissant perpendiculairement à ces rails, un frottement aussi considérable que deux surfaces planes posées l'une sur l'autre.

On a trouvé, par l'expérience, que lorsque les voitures parcourent la courbe de $18^m,00$ de rayon, avec une vitesse de 3 à 4 lieues à l'heure, les rebords des roues ne paraissent pas toucher les rails. Ainsi, dans les circonstances dont il s'agit, la valeur de k n'est guère plus grande que celle de $\frac{u^2}{gR}$. Nous ferons toutefois $k = 0,125$ ou $\frac{1}{8}$.

La force Δ qui retient la voiture sur les rails sera donc

$$\Delta = \left(k - \frac{u^2}{gR}\right) A = 0,01591\,A.$$

7. Pour $A = 8500$ kilogrammes, on aura $\Delta = 135{,}235$ et pour chaque train

$$\tfrac{1}{2}\Delta = 67{,}617.$$

8. Soit δ la force qui agit sur l'essieu de l'avant-train de la première voiture pour donner à la flèche AB la position AB qui fait un angle θ avec le timon suivant BA', *fig.* 40. Cette force aura à surmonter la résistance T de la chaîne des essieux, la résistance τ de la chaîne de la flèche et la force $\frac{1}{2}\Delta$ qui retient l'avant-train sur les rails. On aura donc, si la voiture n'a que deux essieux,

$$r\mathrm{T} + \rho\tau + \tfrac{1}{2}f\Delta = \delta f \cos\theta,$$

en désignant, comme ci-dessus, par r le rayon des couronnes des essieux, ρ celui de la couronne de la flèche dont la longueur est f.

9. Pour $r = 0^{\mathrm{m}},50$, $\rho = 0^{\mathrm{m}},25$, $f = 4^{\mathrm{m}},00$, $\mathrm{R} = 18^{\mathrm{m}},8375$, et prenant pour α la plus grande valeur qui est donnée par l'équation $f = 2\mathrm{R}\sin\alpha$; on aura

$$\delta = 0{,}12571\,\mathrm{T} + 0{,}06285\,\tau + 68{,}00133.$$

Soit $A = 8500$ kilogrammes, $A' = 3000$, on aura, d'après la note V,

$$\mathrm{T} = 596{,}187, \quad \tau = 330{,}25, \quad \text{et} \quad \delta = 163^{\mathrm{k}},706.$$

10. Dans la locomotive à six roues, les deux roues commandées par la vapeur sont montées sur un essieu qui est à égale distance des deux autres et qui est constamment perpendiculaire à la flèche AB. Ses jantes glissent sur les rails perpendiculairement à la flèche ou suivant l'axe des roues. Soit A_ρ le poids que portent les deux roues commandées par la vapeur, $A - A_\rho$ sera le poids que portent les roues d'avant et d'arrière-train. On aura

$$r\mathrm{T}_\rho + \rho\tau_\rho + \tfrac{1}{2}f\Delta + \tfrac{1}{2}fkA_\rho = \delta f\cos\theta,$$

$$\mathrm{T}_\rho = 0{,}07C_\rho + 0{,}008375A_\rho,$$

$$\tau_\rho = 0{,}14C' + 0{,}016750A',$$

ou bien

$$\delta = 0{,}12571\mathrm{T}_\rho + 0{,}06285\tau_\rho + 68{,}00133 + 0{,}06285A_\rho.$$

On peut admettre que les deux roues commandées par la vapeur portent environ les deux tiers du poids A, ou que

$$A_\rho = 5500C_\rho = 5000.$$

On a

$$A' = 3000C = 2000.$$

On aura donc

$$\mathrm{T}_\rho = 396{,}062\ \tau_\rho = 330{,}25, \quad \text{et} \quad \delta = 484^{\mathrm{k}},252.$$

11. La pression que les roues de l'appareil directeur éprouveront en roulant sur la

face latérale du rail extérieur sera donc de $484^k,252$, ce qui produira une résistance de

$$0,005 \times 484,252 = 2^k,421.$$

12. On doit faire remarquer que lorsque la locomotive est tout entière sur la courbe, sa flèche et ses essieux restent constamment dans leurs positions respectives, de sorte que l'appareil directeur n'éprouve plus aucune pression. Il doit donc arriver souvent, dans la pratique, que les roues de cet appareil ne tournent pas.

Note VII.

Stabilité des voitures.

1. Soient u la vitesse de translation des voitures sur une courbe dont le rayon est R, h la hauteur du centre de gravité de la voiture dont le poids est A, au-dessus du niveau des rails; erk, comme dans les notes précédentes, *fig.* 41.

La force centrifuge qui pousse la voiture sur le rail extérieur est

$$F_c = \frac{u^2}{gR} A,$$

et la résistance qui s'oppose à l'effet de cette force est le frottement des jantes sur les rails, dont la valeur est

$$FF_r = kA.$$

2. Lorsque ces deux forces ont la même intensité, on a

$$\frac{u^2}{gR} = k; \quad \text{d'où} \quad u = \sqrt{gRk}.$$

On voit que u augmente avec le rayon.

Soit x la hauteur due à la vitesse u, on aura

$$u^2 = 2gx, \quad \text{et} \quad x = \tfrac{1}{2} Rk.$$

3. Le moment des deux forces par rapport au rail extérieur est

$$\frac{u^2}{gR} A \times h \quad \text{et} \quad A \times e.$$

Si donc ils sont égaux, on aura

$$\frac{u^2}{gR} h = e, \quad \text{d'où} \quad u = \sqrt{gR \frac{e}{h}}.$$

Soit y la hauteur due à cette vitesse, ou $u^2 = 2gy$, on aura

$$y = \tfrac{1}{2} R \frac{e}{h}.$$

4. Dans le cas où les deux valeurs de u seraient égales entre elles, on aurait

$$gRk = gR\frac{e}{h},$$

ou bien

$$e = hk.$$

Cette équation est indépendante du rayon R; on en tire

$$h = \frac{e}{K}.$$

5. Exemple : soient, comme dans les exemples précédents, $e = 0^m,8375$, $R = 18^m,8375$, $K = 0,125$, $h = 2^m$.

La première formule (2) $u = \sqrt{gRk}$ donne $n = 4^m,806$, ou $4^{lieues},325$ par heure;

La seconde formule (3) $u = \sqrt{gR\frac{e}{h}}$ donne $n = 8,796$, ou $7^{lieues},917$ par heure;

La troisième formule (4) donne $h = 6^m,700$.

Note VIII.

Résultats des expériences faites par M. Arnoux, le 16 novembre 1839.

Le convoi, composé du tender et de cinq voitures chargées de 12 tonneaux et du poids total de 26 à 27 tonneaux, a fait cinquante-deux tours en $1^h\,33^m\,10^s$; savoir : treize tours dans un sens, trente dans le sens contraire, et les neuf derniers dans le premier sens. C'est $52 \times 1136^m,72 = 59109^m,44$ en 5590 secondes. Le temps du passage dans le petit cercle pour changer deux fois de direction, et celui de quatre repos ont été de $1^h\,33^m\,50^s$. A la première reprise il est monté sept personnes et dix à la seconde. Ainsi, le poids total que la locomotive remorquait peut être porté à vingt-sept tonneaux. La machine a consumé 240 kilogrammes de coke pendant les voyages et les repos, et 150 kilogrammes environ pendant les voyages.

La vitesse moyenne du train a donc été de $\frac{59109^m,44}{5590} = 10^m,574$ par seconde, ou $38^{kilom},067$, ou 9 lieues $\frac{1}{2}$ par heure. La vitesse a été quelquefois plus considérable; par exemple, au vingt-sixième tour elle s'est élevée à plus de $12^m,00$ par seconde, ou 11 lieues par heure. La combustion a été de $\frac{150}{59,10944} = 2^k,538$ par kilomètre pour 27 tonneaux bruts ou $0^k,094$, ou, en nombre rond, $0^k,10$ par kilomètre et par tonneau brut.

Au trente-deuxième tour, l'une des chaînes de la deuxième voiture est tombée par suite de la rupture d'un clou tournant. Cet accident n'a produit aucun effet sensible dans la marche du train jusqu'au cinquante-deuxième tour.

On a commencé un cinquante-troisième tour, et l'on voulait parcourir le cercle de

18^{m},00 de rayon; mais l'ordre de changer la direction des aiguilles ayant été donné à l'improviste, l'une de ces aiguilles est restée fermée et la locomotive est sortie de la voie. Les galets, ou les roues de l'appareil directeur, en labourant et en pénétrant dans le terrain, ont arrêté la machine et le convoi, sans secousses et sans autre malheur que la flexion et la rupture du bras qui supportait le premier galet de la gauche.

Ainsi les voitures du système de M. Arnoux, dans les nombreuses expériences auxquelles il a été soumis, avec des vitesses de 8 à 10 lieues par heure, sur un railway qui équivaut à un cercle entier de 180^{m},915 de rayon, ont éprouvé, sans malheur, trois accidents graves qu'on n'aurait pas osé produire, quoiqu'on desirât en connaître les conséquences: c'est la rupture de l'une des chaînes directrices, le déraillement de l'une des voitures du convoi et le déraillement de la locomotive. Le premier accident n'a produit aucun effet sensible; les deux autres ont été causés par la mauvaise construction et par la mauvaise manœuvre d'une aiguille, défauts qui ne tiennent nullement au système de M. Arnoux et dont il est facile de se garantir, ainsi que le prouve l'usage de tous les chemins de fer.

RAPPORT

Sur le concours pour le prix de Mécanique fondé par M. de Montyon (*année* 1839).

(Commissaires : MM. Ch. Dupin, Poncelet, Séguier, Gambey et Coriolis rapporteur.)

Votre Commission, dont le droit et même le devoir est de choisir parmi les inventions publiées dans le délai fixé, celles qui sont à la fois les plus ingénieuses et les plus utiles aux progrès de l'industrie, a distingué le système de waggons articulés de l'invention de M. Arnoux.

Un rapport présenté à l'Académie par l'un de ses membres, M. Poncelet, en avril 1838, au nom d'une Commission composée de MM. Arago, Dulong, Savary, Poncelet et Séguier, a déjà décrit complétement les dispositions imaginées par l'auteur pour diminuer les résistances qu'éprouvent les convois sur les chemins de fer, au passage sur les courbes d'un petit rayon. Ce rapport a fait connaître à l'Académie que ces dispositions étaient bien conçues, et qu'on devait en attendre de bons résultats dans l'application. Depuis lors, M. Arnoux, dans le courant de 1839, a fait exécuter en grand son système sur un chemin d'essai à Saint-Mandé, et l'a fait fonctionner devant une Commission nommée par l'Académie. Les Commissaires chargés de décerner le prix de Mécanique ont assisté aux expériences. La traction a été mesurée en leur présence avec le dynamomètre de M. Morin, tant sur le chemin d'essai que sur le chemin de Saint-Germain pour des waggons ordinaires. Il résulte des expériences comparatives qui ont été relevées avec soin, que la résistance que présentent les convois de M. Arnoux n'est pas plus grande pour des courbes de 50^{m} de rayon que pour des parties en ligne droite ; et que pour ces dernières elle semble à peu près la même que pour le système ordinaire employé sur le chemin de Saint-Germain.

En conséquence, votre Commission, considérant que le système des waggons articulés de M. Arnoux a subi, sur une échelle très étendue, des épreuves qui en démontrent l'utilité pour diminuer la résistance des convois dans le passage sur les petites courbes des chemins de fer, est d'avis que cette invention mérite le prix de Mécanique fondé par M. de Montyon pour l'année 1839, et qu'il soit accordé à son auteur la totalité de la somme disponible de mille francs, à laquelle on ajoutera, par extraordinaire, une somme de deux mille francs.

RAPPORT

Sur les diverses dispositions proposées par M. Arnoux *pour faire marcher librement les locomotives et les waggons des chemins de fer, le long des courbes de toutes sortes de rayons* (1).

(Commissaires : MM. Arago, Savary, Coriolis, Gambey.)

M. Arnoux présenta à l'Académie, il y a deux ans, un Mémoire relatif au système qu'il avait imaginé pour faciliter le passage des locomotives, des voitures et des waggons sur les chemins de fer de toute courbure. Un modèle, parfaitement exécuté, accompagnait le Mémoire. L'Académie n'a pas oublié le savant Rapport, honoré de son approbation, dans lequel M. Poncelet apprécia avec tant de mesure et de lucidité tout ce que les nouvelles dispositions présentaient de hardi, d'ingénieux, de plausible. Elle doit se ressouvenir aussi que ses Commissaires en appelaient à des essais en grand pour corroborer ou infirmer les espérances que la théorie permettait de concevoir. Ces expériences, M. Arnoux s'est empressé de les faire, et sur une échelle vraiment inusitée : elles n'ont pas coûté moins de 150 000 francs. Tous les obstacles à la locomotion, tels que pentes et contre-pentes, croisements de voies, lignes droites raccordées par des courbes, lignes courbes en sens opposés se succédant sans intermédiaire, courbes de très petits rayons, se sont trouvés réunis dans un chemin qui existe encore à Saint-Mandé, et dont le développement, égal à 1142 mètres, forme un circuit fermé. Cette disposition permettait de revenir au point de départ autant de fois qu'on le voulait sans s'arrêter ni là, ni ailleurs. Aussi, en un seul jour, a-t-on parcouru 60 kilomètres; aussi la totalité du chemin que les waggons ont fait dans ce champ clos, pendant toute la durée des expériences,

(1) Extrait des *Comptes rendus de l'Académie des Sciences*, séance du 20 juillet 1840.

s'élève-t-elle à 600 kilomètres, c'est-à-dire aux proportions du long voyage de Paris à Lyon. Il ne fallait, au reste, rien moins pour autoriser à parler du système de M. Arnoux sous le rapport de la solidité, de la détérioration des rails, de la durée des roues et des nouveaux mécanismes destinés à donner aux essieux les directions convenables. Ajoutons, qu'afin de pouvoir étudier l'effet des courbes sur la locomotion, même au-delà des limites qu'un ingénieur n'aura jamais besoin d'atteindre dans le tracé des chemins de fer, un petit cercle de 18 mètres de rayon, complétement fermé, se rattachait au chemin principal par deux branches de courbes de 30 mètres de rayon, et qu'une fois entré dans ce cercle, le convoi pouvait le parcourir indéfiniment.

Le convoi se composait ordinairement de la locomotive, du tender, de quatre voitures de quatre ou six roues et d'une plate-forme. L'évaluation précise des résistances a été obtenue par des appareils dynamométriques. M. le capitaine Morin, qui a une si grande habitude de ces machines, qui en a fait de si nombreuses, de si utiles, de si ingénieuses applications, a bien voulu les mettre lui-même en action, relever tous les résultats, et en former des tableaux. La Commission ne saurait assez reconnaître à quel point le zèle éclairé et infatigable de M. Morin lui a été utile.

Lorsque pour obtenir une comparaison directe des tractions sur les rails ordinaires avec celles qu'exigent, toutes circonstances égales, les rails à petites courbes de M. Arnoux, on transporta les appareils dynamométriques sur le chemin de Versailles, ce fut encore M. Morin qui présida aux mesures.

Notre objet doit être maintenant d'exposer les résultats, de les rapprocher, d'en tirer les conséquences qui, aujourd'hui, nous sembleraient pouvoir, sans inconvénient, être sanctionnées par l'Académie. Ces conséquences ne seraient, au reste, ni bien comprises, ni convenablement appréciées, si nous ne posions pas de nouveau le problème en termes précis, si nous négligions de rappeler succinctement les idées qui ont conduit les mécaniciens au système de waggons actuellement en usage, et celles dont le système de M. Arnoux offre la réalisation.

Avant d'entrer dans ces détails, nous croyons, toutefois, devoir informer l'Académie, que la Commission s'est abstenue, *à dessein*, de toucher aux questions de priorité qui lui ont été soumises, non qu'elles lui parussent difficiles, mais seulement parce que les tribunaux en sont actuellement saisis. Nous ajouterons que la Commission s'est vue à regret dans l'impossibilité de rendre compte ici d'une invention ingénieuse de M. Renaud de Vilback, tendant au même but que le système de M. Arnoux. Le fragment de chemin construit à Charenton, d'après les idées de M. de Vilback, avait de trop petites dimensions pour qu'on pût y tenter des expériences vraiment démonstratives. Ce chemin, d'ailleurs, fut détruit avant que la Commission en corps y eût vu fonctionner le waggon isolé qui le parcourait par l'action de la pesanteur. Le seul Commissaire auquel, dans le temps, les circonstances permirent de se rendre à l'usine de Charenton, et d'y assister à une ou deux épreuves du nouveau chemin, n'ayant fait, n'ayant pu faire aucune expérience précise, aucune mesure, n'oserait émettre une opinion décidée; ne pourrait pas, en tout cas, se substituer à la Commission entière, alors même que ses confrères voudraient bien le permettre et que le réglement ne s'y opposerait point. Nous espérons que cette déclaration mettra fin à une polémique dont nous avons déjà trouvé les traces dans quelques écrits, et qui désormais n'aurait plus de prétexte.

Les caractères essentiels du système de M. Arnoux sont l'indépendance absolue des roues montées sur un même essieu, et leur mobilité autour des fusées qui les portent; la liberté qu'ont les essieux de changer de direction dans un plan horizontal autour de chevilles ouvrières sur lesquelles la charge repose; enfin la liaison complète, de voiture à voiture, par des timons rigides articulés, engagés à chaque extrémité dans les chevilles ouvrières, et s'articulant sur l'axe même du chemin. Par la dernière disposition, le convoi entier est comme une longue chaîne, inextensible, mais parfaitement flexible dans toutes ses parties.

Les deux premières conditions sont indispensables pour qu'une voiture puisse ne pas éprouver, sur une voie courbe, une résistance beaucoup plus forte que sur un chemin tracé en ligne droite. Il faut, en effet, pour qu'il en soit ainsi, qu'à chaque instant les essieux prennent des directions normales aux courbes parcourues, et qu'en même temps les roues extérieures, roulant sur la courbe dont le développement est le plus grand, prennent la plus grande vitesse.

Il ne suffit pas, néanmoins, que ces conditions, remarquées de tout temps, puissent être satisfaites : elles doivent l'être nécessairement; il est indispensable que tous les essieux soient constamment guidés.

Aussi, les premiers essais de chemins en bois et en fer dans les galeries de mines offrirent-ils divers moyens pour donner à des essieux mobiles la direction convenable. C'était, par exemple, une crosse fixée perpendiculairement au premier essieu, et qui, armée quelquefois à son extrémité inférieure d'un galet horizontal, pénétrait dans une rainure creusée entre les deux directrices courbes de la voie. On a vu depuis les galets horizontaux, mais pour une application toute spéciale, dans quelques-uns des petits chariots, à voie extrêmement étroite, destinés au jeu des montagnes russes.

Pourquoi donc, dans le grand problème de la locomotion sur chemins de fer, a-t-on bientôt abandonné les anciennes tentatives? Pourquoi s'est-on jeté dans un système tout différent?

C'est que les premiers moyens de direction n'étaient pas admissibles dès qu'on voulait augmenter la vitesse; c'est qu'avec des essieux mal guidés ou libres, les waggons sortiraient à chaque instant de la voie, malgré l'obstacle qu'opposent aux rebords des roues les bourrelets ou les plans verticaux des rails; c'est qu'en effet le frottement même de ces bourrelets et de ces rebords, en retardant le mouvement de la roue frottante, tendrait à faire pivoter l'essieu et la voiture entière autour du point d'arrêt.

Dans les parties droites d'une voie, les essieux doivent rester invariablement perpendiculaires à l'axe des waggons. On chercha donc avant tout à établir cette perpendicularité d'une manière permanente. Après ce premier pas, il n'y avait plus que de l'avantage à faire les autres : à rendre les essieux solidaires avec les roues et tournant sur eux-mêmes dans des boîtes fixées à la caisse même de la voiture.

Par-là les roues se trouvent parfaitement maintenues dans des plans verticaux, et la charge se transmettant aux essieux par des parties situées près de leurs points d'appui, les fatigue moins que lorsqu'elle repose directement sur le milieu de leur longueur.

Tel est le système actuel. Il est parfait pour les lignes droites, mais tout s'y trouve sacrifié à ces lignes.

Dans les courbes, en effet, le parallélisme des essieux est un défaut; la liaison qui oblige les roues à prendre des vitesses égales un autre défaut. La nécessité même de ne pas exagérer ces inconvénients réagit sur les parties droites du chemin, en empêchant d'augmenter la largeur de la voie, et d'assurer par-là, de plus en plus, la stabilité des voitures.

Sans doute on a remédié, du moins en partie, aux inconvénients que nous venons de rappeler, par d'ingénieux artifices : par les roues à jantes coniques, par le roulement des roues extérieures sur la circonférence de leurs rebords, ce qui constitue, comme on le sait, le procédé de M. Laignel ; mais ces moyens ne peuvent remédier qu'aux défauts qui résultent de la dépendance des roues. Les inconvénients attachés au parallélisme des axes subsistent encore.

Donnera-t-on d'avance et à dessein du jeu pour rendre possible un certain degré de convergence ? On l'a fait en Angleterre et avec désavantage, en l'absence de moyens de guider les essieux : résultat que l'on pouvait prévoir par des raisons précédemment indiquées.

On est donc inévitablement conduit, dès qu'on s'écarte du système des waggons ordinaires, à chercher des moyens de donner aux essieux la direction convenable.

Examinons comment M. Arnoux satisfait à cette condition :

Son système se compose de trois parties distinctes. Il faut y signaler en effet :

D'abord le moyen particulier, spécial, de diriger le premier essieu de la première voiture ;

Ensuite le moyen commun de diriger le premier essieu de chacune des voitures suivantes ;

Enfin le moyen de subordonner, dans chaque voiture, à la direction déjà déterminée du premier essieu celle du second.

Chacun de ces points exige quelques détails :

Le premier essieu du convoi porte, à l'extrémité de fourches recourbées, quatre galets, mobiles dans des plans à peu près horizontaux, légèrement inclinés de haut en bas, du dedans au dehors, et qui s'appuient en roulant contre les bourrelets, ou mieux, contre les plans verticaux des rails. Ces galets n'éprouvent, lorsqu'ils sont bien ajustés, aucune autre résistance que celle qui naît du roulement, puisque l'essieu qui les soutient les empêche de jamais porter par leurs faces horizontales. Les centres des galets se trouvent maintenus ainsi aux quatre sommets d'un rectangle engagé entre les rails avec une très petite quantité de jeu. Les déviations des côtés de ce rectangle, par conséquent, les déviations de l'essieu parallèle aux côtés transversaux et compris entre eux; ces déviations, disons-nous, ne peuvent être que de l'ordre de grandeur exprimé par le rapport du jeu à la largeur du rectangle même.

Un pareil système de guides est excellent. Il n'a rien de commun avec les roulettes verticales antérieurement proposées. Est-il besoin de dire, en effet, que des galets ne peuvent servir de guides que par rapport au plan sur lequel ils roulent, et que les rebords verticaux des rails sont ici les plans relativement auxquels il faut guider le mouvement.

Les galets-guides de M. Arnoux auraient plus d'analogie avec le galet unique de certains chariots de mines. On pourrait croire la ressemblance plus grande encore en prenant le terme de comparaison dans quelques-uns des galets imaginés pour les montagnes russes. Quant à ces derniers, cependant, une différence frappe tout de suite l'attention : leur objet est plutôt de diminuer un glissement que d'assurer une direction aux essieux. En effet, avec une voie aussi étroite la direction convergente des essieux n'avait pas d'importance; il suffisait que les galets fussent portés par la caisse des chariots. On les voit même engagés quelquefois dans des rainures latérales pour écarter toute chance de projection. Rien de semblable ne pourrait avoir lieu sur une grande échelle.

Examinons maintenant si les galets de M. Arnoux n'auraient pas, avec les avantages qui leur appartiennent, qui les distinguent de tout ce que l'on avait proposé pour le même objet, quelque inconvénient grave.

L'expérience semble avoir prononcé. Jamais les galets n'ont présenté de tendance à dérailler; jamais dans la voie il n'y a eu de rupture; la surface s'usait un peu rapidement, mais alors seulement que les galets étaient en fonte douce, et que les aspérités des rails étaient encore vives. Depuis, avec des galets garnis d'un cercle d'acier, il n'y a plus eu d'usure appréciable.

On a voulu s'assurer si *tous* étaient indispensables à la direction du convoi. Avec un galet de moins il a été impossible de marcher. Les waggons se sont arrêtés dès les premiers instants. Mais aussi quelques instants suffisent pour remplacer le galet qui manque.

Un accident qui ne tient nullement à la nature du système a donné lieu à une remarque qui mérite d'être conservée.

Dans un changement de voie une aiguille était restée fermée. La locomotive et le convoi abandonnèrent donc les rails; dès-lors les galets se trouvant forcés de labourer le sol, un d'eux se brisa. Mais la pointe de la fourche qui le portait continuant de pénétrer dans la terre, contribua promptement et à coup sûr fort heureusement à détruire la vitesse acquise.

En voyant les galets de la première voiture assurer, d'une part, la direction en s'encadrant dans les rails, et, d'autre part, transformer en frottement de roulement le glissement du rebord des roues contre les bourrelets, on se demande s'il ne conviendrait pas d'appliquer un système semblable à chacun des essieux suivants. Cette idée s'était présentée dès l'origine à M. Arnoux. L'élévation des prix d'établissement et d'entretien qui en résulterait, suffirait pour la faire rejeter si la difficulté de maintenir constamment ajustés à une hauteur convenable tous ces galets, n'était une objection plus grave encore.

Aussi, restreignant l'emploi des galets au premier axe du convoi, et, peut-être, ce que la Commission serait tout-à-fait disposée à approuver, au dernier essieu, M. Arnoux adopte-t-il, pour diriger les essieux intermédiaires, un système tout différent. Ce système comprend deux parties distinctes.

D'abord la liaison du second essieu de chaque voiture avec le premier; elle est analogue, quant aux effets, à ce que présentent les voitures de l'amiral Sidney Smith, de M. Dietz, et même, avec des dispositions moins parfaites encore, à des essais plus anciens; mais elle se distingue par une solution nouvelle.

Dans chaque voiture, chaque essieu porte au milieu de sa longueur une couronne que traverse une cheville ouvrière : deux chaînes à mailles plates embrassant les couronnes et se croisant dans l'intervalle qui les sépare, s'attachent à leur circonférence; les seconds essieux se trouvent ainsi dirigés; car, pour une voiture donnée, si le premier essieu tourne dans un sens, le second tourne en sens contraire et de la même quantité.

Les deux essieux d'une même voiture ainsi liés entre eux, demeurent complétement indépendants, au moins quant à une action directe, des essieux de la voiture qui précède et de celle qui suit. Il reste donc, et cette partie du système de M. Arnoux est entièrement neuve, il reste à déterminer dans chaque voiture la direction du premier essieu. M. Arnoux la fait dépendre uniquement de l'angle que le timon rigide de cette voiture fait avec la flèche de la voiture qui précède. A l'arrière de cette flèche, pour établir la liaison voulue, est fixée une petite couronne concentrique à la couronne du second essieu dont elle est indépendante. Cette petite couronne conduit, par des chaînes croisées, la première couronne d'essieu de la voiture suivante. Quant à l'effort de traction, il se transmet tout entier par les timons; les chaînes n'ont qu'à faire tourner les couronnes sur leurs sellettes.

Pour que les deux essieux de la voiture qui précède et le premier essieu de la voiture qui suit convergent vers le centre du cercle qui passe par leurs trois chevilles ouvrières, il faut que le rayon de la petite couronne fixée à la flèche, soit aux rayons des couronnes d'essieu dans le rapport de la longueur du timon à la somme des longueurs de ce timon et de la flèche qui le conduit.

La solution n'est rigoureuse que lorsque le timon et la flèche ont des longueurs égales. Mais elle est tellement approchée, pour un rapport différent de l'égalité, dès que le rayon de la voie courbe surpasse dix fois la longueur d'une voiture, que la différence est pratiquement négligeable. Il y a plus : la solution approchée pourra bien avoir quelque avantage, en permettant de diminuer la longueur des timons, et en devenant par-là même moins inexacte au passage d'une courbe à une autre, au passage d'une partie droite à une voie courbe et réciproquement.

Au surplus, le mérite de la solution n'est pas dans une rigueur géométrique que l'application ne réalise jamais. Il consiste à empêcher les fausses directions de dépasser des limites très étroites; à guider ainsi d'une manière continue, *sans à-coups;* de telle sorte que les déviations se compensent et se neutralisent, pour ainsi dire, sur la longueur du convoi entier.

Si l'on voulait un exemple de la supériorité de certaines solutions approximatives sur des solutions exactes, il suffirait de citer le parallélogramme de Watt, substitué aux engrenages dans les machines à vapeur.

L'expérience a montré, du reste, que la liaison continue du système était son premier avantage. On a pu, dans les essais de Saint-Mandé, pour tirer parti de pièces toutes faites, appliquer les mêmes couronnes à des flèches et à des timons de longueurs très inégales, sans qu'il en résultât un grave inconvénient. Les résistances ont dû cependant en être un peu augmentées.

Il est évident toutefois qu'il conviendra toujours de s'assujétir aux proportions les plus avantageuses.

Une remarque semblable doit être faite relativement au tracé des courbes sur le terrain.

A Saint-Mandé on passe, presque sans intermédiaire, d'une courbe de 100^{m} de rayon à une courbe de 30^{m} ou à une ligne droite; mais ce n'est pas sans qu'un peu de raideur se fasse sentir aux points de jonction.

Il est évident que dans la pratique, sans rien sacrifier des avantages du système, on pourra toujours adoucir les raccords en passant graduellement d'une courbure à une autre. Peu importe ici que l'on marche dans un arc de cercle parfaitement régulier ou dans une suite d'arcs de cercle, pourvu que l'un quelconque de ces arcs, prolongé de la longueur d'une flèche ou d'un timon, ne s'écarte pas, perpendiculairement à sa courbure, de celui qui le précède ou le suit, d'une quantité plus grande que le jeu nécessaire entre les rebords des roues et les bourrelets des rails.

Il est des cas où la douceur des raccords dont on vient de parler a moins d'importance; où l'on pourra, comme à Saint-Mandé, rattacher l'une à l'autre, presque sans transition, des courbes de rayons très différents. Il en sera ainsi pour une gare d'évitement que l'on voudra lier à la voie principale du chemin. La vitesse à l'entrée, par conséquent la force centrifuge, ne seront jamais assez grandes pour qu'un changement un peu rapide de direction ait une influence bien nuisible.

Le petit cercle de 18 mètres de rayon, à Saint-Mandé, est un exemple d'une gare d'évitement comprise dans un espace resserré et offrant cela de particulier qu'un convoi, de quelque côté qu'il arrive, pourra toujours s'y engager et en sortir ensuite, soit pour continuer sa route, soit pour revenir sur ses pas.

Par là tombe, en grande partie au moins, une des principales objections élevées contre le nouveau système : celle qui porte sur la difficulté, l'impossibilité, pour certains cas, de faire reculer un train. En ligne droite, le recul est certainement possible; à Saint-Mandé on a reculé de plus de 50 mètres. Mais en courbe, dès que le rayon est petit, on ne peut rétrograder. Ce n'est pas à l'obliquité de l'effort en elle-même que cette impossibilité doit être attribuée; elle tient à ce que la direction ne se transmet pas dans ce sens aux essieux, et rien ne prouve plus clairement que cette transmission est indispensable.

Au demeurant il ne faut pas, quand il s'agit de recul, transporter au nouveau système les idées auxquelles l'ancien a nécessairement conduit. Avec le système ordinaire, le retournement d'une seule voiture exigerait l'emploi d'une plate-forme, si cette voiture n'était pas parfaitement semblable en avant et en arrière, et par là disposée à se mouvoir aussi bien dans un sens que dans l'autre. Avec le système proposé, l'emploi des plate-formes n'est jamais indispensable, puisqu'à l'aide d'un cercle de très petit rayon, un train entier revient sur lui-même et rentre dans la voie qu'il avait quittée.

Reste donc, pour la nécessité du recul immédiat, le seul cas d'un accident survenu à la voie. Mais ce ne sont pas alors quelques instants perdus auxquels on doit attacher une grande importance. Il suffira, par exemple, pour transformer le convoi et l'approprier à la direction rétrograde qu'il doit prendre, que chaque flèche porte à l'avant, comme à l'arrière, une petite couronne sur laquelle on ajustera, par le serrage de quelques écrous, les chaînes nécessaires à la direction des essieux.

Une nouvelle objection se lie à ce qui vient d'être discuté. Ces chaînes si indispensables seront-elles fréquemment sujettes à se rompre? D'abord il est facile de voir qu'elles ne supportent qu'un effort assez faible : cet effort se borne à faire tourner les couronnes; l'impulsion qui entraîne le convoi se transmet tout entière par les timons et les flèches.

Admettons, cependant, qu'un accident ait lieu, qu'une chaîne se rompe ou se détache. Le cas s'est présenté dans les expériences de Saint-Mandé, pour une des chaînes reliant l'une à l'autre les deux couronnes d'une même voiture. La chaîne détachée pendait sans que l'on s'en fût aperçu. On fit un tour entier avant que, du dehors, on avertît les personnes qui menaient le convoi d'arrêter la marche. Cette circonstance prouve que si l'ensemble des moyens de direction est nécessaire, ces moyens peuvent, sans inconvénient grave, être supprimés sur un point intermédiaire. La solidarité de toutes les parties du système maintient alors dans la voie le seul essieu qui ne soit plus guidé. Un semblable accident, au reste, est réparé en quelques instants.

C'est un avantage notable de ce moyen de direction, que le peu de causes d'altération qu'il présente. Cet avantage est dû à la douceur des mouvements, à ce qu'ils s'exécutent sans grande vitesse, par conséquent sans chocs. Le mouvement rapide des galets directeurs pour chaque essieu donnerait lieu à des altérations bien plus promptes. Aussi M. Arnoux ne les emploie-t-il que là où ils sont indispensables.

Après avoir discuté ce qui se rapporte seulement à des cas particuliers, à des accidents, si l'on examine ce qui se passe dans la locomotion ordinaire, il faut reconnaître d'abord qu'au départ d'un train, la difficulté de l'ébranler dans le nouveau système sera plus grande que dans les convois ordinaires où chaque voiture commence à se mouvoir isolément avant d'entraîner, par la tension des chaînes, celle qui la suit. Nous ne croyons pas toutefois qu'il puisse jamais résulter de là un inconvénient grave. Cette question, au surplus, a déjà été discutée dans le rapport de M. Poncelet.

Il ne faut pas négliger une circonstance qui, au départ, est à l'avantage des trains articulés et inextensibles de M. Arnoux : c'est l'absence des chocs que l'on éprouve dans les trains ordinaires au moment où les chaînes se tendent.

Quant au point essentiel, aux résistances qu'il faut vaincre, une fois le convoi lancé, pendant toute la durée du mouvement, y a-t-il, dans le système proposé, des causes qui puissent en définitive accroître leur valeur moyenne? Si l'on a diminué ces résistances dans les courbes, les a-t-on augmentées dans les parties droites, qui seront toujours les plus étendues?

Avant de citer les expériences, examinons, sous ce rapport, les données de la question.

C'est relativement au frottement des essieux qu'il peut y avoir incertitude.

Dans le nouveau système d'essieux mobiles, la charge porte au milieu de leur longueur. Cette disposition, jointe à l'élargissement de la voie, vers lequel on doit tendre, semble entraîner une augmentation dans le diamètre des fusées d'essieu, par suite une augmentation de résistance.

Toutes choses égales d'ailleurs, il est très vrai que dans les waggons actuels, c'est un avantage que de faire reposer la charge près des extrémités des essieux. On est dans l'usage de donner aux boîtes dans lesquelles ces essieux tournent, un diamètre de $0^{m},055$.

Quant aux grosses diligences des routes ordinaires où la charge est portée au centre des essieux, comme dans les waggons de M. Arnoux, les fusées ont un centimètre de plus ($0^{m},065$).

M. Arnoux, dans les waggons d'abord soumis aux expériences, avait adopté cette dimension, et il doit évidemment en résulter un excès de résistance pour le frottement des fusées.

Mais en considérant que les diligences éprouvent sur les routes ordinaires des chocs souvent assez violents qui n'existent pas sur les chemins de fer, M. Arnoux n'a pas douté que les essieux de ses voitures ne pussent être réduits au même diamètre que ceux des waggons à axes parallèles, et il a effectué cette réduction sur un dernier waggon de son convoi d'essai.

On pourra dire alors qu'une réduction plus grande serait applicable aux waggons à axes parallèles, et qu'en définitive, l'avantage leur resterait sous ce rapport.

A ce point, la question ne peut guère être résolue avec certitude; elle finit par être une question de durée : surtout si l'on a égard à la grande longueur que l'on peut donner, dans le système de M. Arnoux, aux boîtes des roues indépendantes.

Cette longueur est une garantie contre les déviations du plan dans lequel tournent les roues. Il ne semble pas que ce plan soit moins bien maintenu dans le système des roues libres que dans celui des roues solidaires, du moins POUR LA DURÉE QUE CES ROUES PEUVENT AVOIR.

Cette durée dans le système actuel n'est pas grande. On sait avec quelle exactitude les roues en fonte, solidaires avec les essieux, doivent être tournées. On sait aussi avec quelle rapidité les rebords verticaux de ces roues se détruisent par le frottement contre les bourrelets des rails dans les courbes.

Le système de M. Arnoux fait disparaître ces résistances. Il donnera donc aux roues plus de durée ou permettra de les établir avec moins de perfection et de solidité.

Ainsi, dans les expériences de Saint-Mandé, les roues étaient de simples roues en bois, cerclées en fer et, du moins au commencement, non tournées. Les rebords, au lieu de faire corps avec les jantes, étaient des cercles en fer posés à plat et fixés au corps de la roue par des vis à bois.

Cependant le long de courbes si variées, d'un rayon si petit, dans un parcours total d'une si grande étendue, aucun de ces cercles si légèrement établis n'a été arraché, n'a présenté même d'altération sensible.

Si les altérations peuvent jusqu'à un certain point servir de mesure, n'est-ce pas une preuve qu'une cause énorme de destruction, difficilement appréciable d'une manière directe, a disparu presque entièrement?

N'est-on pas aussi fondé à croire que cette diminution fera plus que compenser l'augmentation, si toutefois il y en a une, du frottement des essieux?

Une preuve du même genre que celle dont nous venons de parler, une preuve matérielle, vient encore établir que les roues sont parfaitement maintenues et les axes parfaitement dirigés.

Jamais, pendant ces longues expériences, on n'a ressenti d'une manière marquée ces mouvements si communs, si destructeurs, si incommodes que, dans les chemins de fer actuels, on désigne sous le nom de mouvements de lacet.

A de très grandes vitesses, la seule remarque que l'on ait pu faire a été relative à l'inclinaison, assez faible d'ailleurs, des caisses, provenant de la force centrifuge. Encore aurait-il été possible d'atténuer cet effet en élevant un peu le rail extérieur.

Venons maintenant à l'évaluation des résistances *totales* à l'aide des dynamomètres.

Ces résistances proviennent du mouvement propre dont l'air est animé; du choc des waggons sur ce même air immobile; du frottement des essieux à leur circonférence; du roulement des roues sur les rails; du glissement de leurs rebords sur les bourrelets; des à-coups; des accélérations ou des retards dans la marche des convois, que le meilleur conducteur ne saurait éviter, et dont l'influence devient considérable à cause de la grandeur de la masse en mouvement. Or tout cela est susceptible de varier avec le serrage des écrous, le graissage des boîtes, l'état hygrométrique de l'air, l'établissement plus ou moins solide des rails. Il suffirait, quant à cette dernière influence, de rappeler les belles figures d'acoustique que le passage des waggons fait naître souvent sur le sable dont les rails sont entourés.

La première question à résoudre était naturellement celle-ci :

Avec le système de M. Arnoux, la résistance est-elle sensiblement la même sur les parties droites et sur les parties courbes du chemin ?

Dans une première expérience, avec des roues non tournées et une vitesse d'environ 4 mètres par seconde; sur l'*ensemble* du chemin principal, composé de parties droites et de parties courbes de 50 et de 150 mètres de rayon, on trouva, pour le rapport de la résistance à la charge, la fraction $\frac{1}{175}$.

Dans une autre expérience, avec les mêmes roues, une charge différente et une vitesse à peu près uniforme de $3^{m},8$ par seconde, la résistance, dans le petit cercle de 18 mètres de rayon, se trouva être, d'après une moyenne de plusieurs tours, de $\frac{1}{175}$ à $\frac{1}{177}$; c'est le nombre trouvé précédemment *pour l'ensemble* du chemin.

Lorsque les roues eurent été tournées, la moyenne résistance *sur l'ensemble* du chemin descendit à $\frac{1}{204}$, la vitesse étant toujours d'environ 16 kilomètres à l'heure. Le frottement des parties droites se trouva égal, dans ces expériences, à celui des parties circulaires de 50 mètres de rayon; la fraction qui l'exprimait était $\frac{1}{215}$.

Avec les mêmes roues tournées, mais un galet touchant légèrement les chairs, la résistance s'éleva à $\frac{1}{193}$. Les parties droites comparées aux parties courbes de 50 mètres de rayon donnèrent respectivement les fractions $\frac{1}{200}$ et $\frac{1}{202}$.

La première question paraît donc résolue. La courbure de la voie n'ajoute rien aux résistances.

Les expériences mettent aussi en évidence combien il est nécessaire que les roues soient tournées et les galets exactement ajustés.

Il n'est sans doute pas besoin de dire que tous les nombres cités représentent des résistances réduites à l'horizon.

Quoique ces nombres différassent peu de ceux qu'on admet communément, la commission jugea convenable d'appliquer les instruments dynamométriques aux chemins de fer ordinaires. Les ingénieurs de Saint-Germain et de Versailles en fournirent les moyens avec un empressement, avec une obligeance sans bornes.

Le résultat moyen de deux séries de valeurs obtenues le 3 mars de cette année sur le chemin de Saint-Germain, avec des vitesses peu différentes de celles de Saint-Mandé, par un vent dirigé dans le sens de la marche, mais ayant à peu près la vitesse du convoi ; ce résultat, disons-nous, conduit à une résistance horizontale de $\frac{1}{200}$, comme les épreuves de Saint-Mandé.

Si l'on prend une expérience pendant laquelle un vent oblique contrariait légèrement la marche, on trouve $\frac{1}{170}$. Par un vent favorable et les boîtes nouvellement lubrifiées, le coefficient descend à $\frac{1}{252}$.

La moyenne serait, enfin, plutôt au-dessus qu'au-dessous de $\frac{1}{215}$.

Ces expériences, malgré leurs résultats concordants, sont sans doute bien loin de résoudre, dans toutes ses parties, la question si complexe de la résistance sur les chemins de fer. Mais nous devons remarquer qu'il n'était question, pour nous, que de la comparaison entre deux systèmes, faite dans des circonstances aussi semblables qu'il était possible et avec les mêmes appareils. Il faut ajouter, à l'avantage du système de M. Arnoux, que les grosses fusées des essieux de toutes ses voitures auraient pu, sans inconvénient, être ramenées à des diamètres de 55 millimètres, et qu'alors, d'après un coefficient de frottement plutôt trop faible que trop fort, la résistance moyenne sur le chemin rentrant de Saint-Mandé se serait trouvée réduite à $\frac{1}{230}$.

En résumé :

L'égalité de frottement, de résistance, sur les parties courbes et droites des chemins de fer, quand les voitures sont construites suivant le système de M. Arnoux, et que les vitesses ne dépassent pas certaines limites, est complétement établie par les expériences de Saint-Mandé.

Ces expériences, si cela pouvait être nécessaire, viendraient donc à l'appui des considérations théoriques développées dans le premier Rapport; elles prouveraient, *pratiquement,* que la convergence des essieux est la condition indispensable d'un bon service de locomotion sur les rails courbes; elles établiraient aussi que les procédés dont l'auteur fait usage pour établir cette convergence ont toute la précision desirable.

Si nous sommes un peu moins affirmatifs quant aux frottements du nouveau système comparés à ceux de l'ancien, c'est que la Commission n'a pas eu les moyens de multiplier suffisamment les épreuves sur les chemins ordinaires; c'est qu'il était très difficile de rendre les circonstances *exactement* pareilles. La parfaite identité de circonstances ne paraîtra certainement à personne un raffinement d'exactitude, si nous disons qu'un convoi abandonné à lui-même, c'est-à-dire à l'action de la pesanteur, descendit un jour de Versailles à Asnières, avec la vitesse moyenne de quatre lieues à l'heure, tandis que peu de jours auparavant, et peut-être par la seule influence d'un graissage différent, ou de l'état des rails, le même convoi s'arrêta en route. Nous devons cependant rappeler que, sans même attribuer aucune influence défavorable à la faiblesse des rails dont on a fait usage en construisant le chemin de M. Arnoux, à la faiblesse des coussinets et au petit échantillon des traverses; que par la seule réduction légitime du diamètre des essieux à 55 millimètres, le frottement déduit de l'ensemble des expériences de Saint-Mandé s'est trouvé au-dessous de $\frac{1}{230}$, résultat qui probablement n'a jamais été dépassé dans le service ordinaire d'aucun chemin de fer.

Les possibilités de rupture des galets destinés à diriger la locomotive et des chaînes qui opèrent la convergence des axes, les accidents qui pourraient en résulter, ont été appréciés, dans ce qui précède, tant *à priori* que d'après les résultats des expériences. Il ne nous semble pas qu'on doive s'en préoccuper sérieusement.

Ainsi, le système de M. Arnoux n'imposerait, autant qu'il a été possible d'en juger, aucune augmentation appréciable de frais de traction. Sous le rapport de la sûreté, ce système paraît aussi devoir satisfaire les esprits les plus timides. M. Arnoux semble donc avoir complétement résolu le problème difficile qu'il s'était proposé. Désormais les ingénieurs craindront moins, dans leurs tracés de chemin de fer, de s'écarter très notablement de la ligne droite; de tourner les obstacles de toute nature dont aujourd'hui ils se voient forcés de demander la démolition. Les dispendieux souterrains seront moins souvent nécessaires; on multipliera, enfin, les gares d'évitement, et, par ce moyen, les chemins à une seule voie deviendront peut-être suffisants, dans bien des localités où, d'après les méthodes actuelles, deux voies seraient indispensables.

Si une longue expérience des nouvelles voitures ne fait pas surgir des difficultés imprévues, le nom de M. Arnoux ira se placer très honorablement à côté des noms de nos deux compatriotes qui, par l'invention des chaudières tubulaires et du tirage à l'aide de la vapeur perdue, ont rendu usuelles, sur les chemins de fer, des vitesses qu'à l'origine personne ne se serait flatté d'atteindre, même dans de simples expériences. Quant à la Commission, après un examen long et consciencieux, elle croit, dès ce moment, devoir proposer à l'Académie d'accorder son approbation à l'ingénieux système de locomotives et de voitures articulées que M. Arnoux lui a présenté.

Les conclusions de ce Rapport ont été adoptées.

EXPOSITION DE 1839 (1).

Extrait du Rapport de M. le baron Charles Dupin.

Le problème des tournants à court rayon sur les chemins de fer vient d'être résolu d'une manière fort heureuse par M. C. Arnoux, ancien officier d'artillerie, directeur et créateur des grands ateliers de construction des Messageries générales : il a fait à Saint-Mandé, près Paris, ses expériences sur des tournants dont les rayons ont 150, 100 et 50 mètres; il a de plus présenté deux tournants consécutifs et dirigés en sens contraires suivant la forme d'un S.

La locomotive offre quatre galets pour contretenir le système et résister aux déviations centrifuges dans les tournants. Des chaînes sans fin, croisées, indépendantes, font obliquer les essieux de chaque locomotive ou waggon, pour leur donner successivement une direction normale à la courbe qu'ils ont à parcourir. Cet ingénieux système réussit parfaitement; les courbes sont parcourues sans ressauts, sans impulsions latérales, même avec des vitesses de neuf et dix lieues à l'heure.

Le jury décerne à M. C. Arnoux la médaille d'argent.

---

(1) Je dois faire observer que mes dispositions n'ayant pas été faites à temps, je n'avais pas pu faire figurer mes voitures à l'exposition. C. A.

EXPÉRIENCES.

Après les rapports que l'on vient de lire, il ne me reste qu'à exprimer ma profonde reconnaissance à MM. les rapporteurs et membres des Commissions qui ont bien voulu examiner mon projet, le discuter sous le double rapport scientifique et pratique, et faire connaître les résultats de leurs travaux avec un soin qui prouve l'importance qu'ils attachent à cette question. Je dois aussi mes remercîments au savant expérimentateur qui, sur leur invitation, s'est joint aux Commissions pour constater les résistances comparatives avec son précieux dynamomètre. Tout ce que je pourrais ajouter sur le système lui-même ne pourrait être que la reproduction de quelques parties de ces rapports, qui n'ont laissé rien d'incertain; je me bornerai donc à retracer succinctement les résultats des expériences qui ont toujours eu lieu en présence de nombreux témoins. Je terminerai en rappelant les objections qui m'ont été faites, objections auxquelles j'ai cherché à répondre autant que possible par des faits.

Le 12 mars 1839 une première série d'expériences a été commencée; en voici les principales dispositions.

Chemin de fer. — Le chemin a été établi dans un terrain clos à Saint-Mandé; sa figure est représentée dans la *Pl.* CXC, *fig.* 42 (1): il comprend, comme on le voit, des parties droites, des courbes de 150, 100 et 50 mètres, sur un développement intérieur de $1141^{m}80^{c}$. Une pente de 3 à 4 millim. par mètre se répartit sur les deux longs côtés; les deux extrémités sont de niveau. La largeur de la voie est de $1^{m},675$ entre les rails; cette dimension a été fixée ainsi pour changer le moins possible,

(1) Les planches CLXXXVIII, CLXXXIX, CXC, sont celles des *Annales des Ponts-et-Chaussées* (mai et juin 1840), que le comité de rédaction de cet ouvrage a bien voulu mettre à ma disposition.

comme on le verra, les dispositions de la locomotive. Il ne faut pas oublier qu'avec ce système l'écartement des rails peut être celui en usage, mais aussi qu'il peut être augmenté sans le plus léger inconvénient.

Les rails et coussinets sont les plus légers de ceux mis en usage dans les chemins desservis pas des locomotives, autant par économie que pour que leur force ne soit pas l'objet d'une objection. Les rails pèsent 18^{k},500 le mètre courant; ceux des chemins des environs de Paris pèsent de 32 à 36 kil. Deux coussinets, un double et un simple, du chemin d'essai, ne pèsent que 9^{k},750; un double et un simple des mêmes chemins pèsent 22 à 23 kil.

Les traverses ont 10 à 12 centimètres sur 20 à 25; leur longueur est de 2^{m},10. On pouvait, pour faciliter la résistance aux efforts centrifuges, élever le rail extérieur dans les parties courbes; mais comme il fallait apprécier les effets du système lui-même, on a préféré placer les deux rails de niveau sur toute la partie du chemin (1).

Locomotive. — Une locomotive, à quatre roues de 11 pouces anglais de cylindre, de Jackson Muray, a été disposée pour ce système et mise sur six roues. A cet effet, l'essieu de devant a été remplacé par un essieu à fusées, rendu mobile horizontalement, autour d'une cheville-ouvrière; ses roues ont été garnies de boîtes en cuivre, à peu près comme le sont les roues des voitures sur route ordinaire : afin de laisser à l'essieu la facilité de se mouvoir sans que les roues touchent au châssis qui supporte la chaudière et le mécanisme, on a placé les roues en-dehors de ce châssis, de sorte que l'écartement des roues, ou la voie, se trouve plus large qu'elle n'était de la double épaisseur de ce châssis. C'est ainsi qu'il a été possible de prendre une locomotive toute construite, sans changer les dispositions de la chaudière et du mécanisme, et que la voie se trouve portée à 1^{m},675.

On a enlevé les rebords des roues motrices et on leur a appliqué un cercle large de 19 centimètres, complétement plat, afin que ces roues ne cessent pas de porter sur les rails dans les parties courbes. Sur le

---

(1) M. Dulong, ex-capitaine d'artillerie, fils de l'illustre membre de l'Académie qui faisait partie de la première commission, a bien voulu se charger de faire le tracé et de suivre les travaux d'établissement de la voie.

derrière, le châssis a été allongé, et l'on a placé un troisième essieu semblable à celui de devant, portant comme lui deux roues libres sur ses fusées : cette disposition a permis de faire le dépôt de coke sur le châssis même de la locomotive.

Sous l'essieu de devant on a placé un système de roues directrices ou galets, supportés par des branches solidement fixées à l'essieu ; deux segments horizontaux ont été adaptés à chacun des deux essieux extrêmes, pour recevoir les chaînes destinées à opérer la convergence de ces deux essieux, la boîte à feu ne permettant pas d'adapter des cercles entiers sans entraîner l'élévation de la locomotive, ce qu'on a voulu éviter.

Ainsi qu'on l'a expliqué page 26, cette locomotive ne présente pas les avantages qu'offrirait une machine construite pour ce système; mais les modifications qui y ont été faites sont si heureusement combinées, qu'aucun accident n'est survenu pendant le cours de ces épreuves parfois très rudes, surtout pour l'arbre coudé, dans les passages très brusques des petites courbes opposées de direction (1).

Convoi. — Le tender, débarrassé du dépôt de coke, a été disposé de manière à recevoir 16 à 18 personnes; le train, représenté *Pl.* I, *fig.* 3, 4, 5, est en tout semblable à celui des autres voitures à quatre roues du convoi, si ce n'est qu'il n'a que 2 mètres entre ses essieux, tandis qu'entre ceux-ci il y a $2^{m},80$; ces voitures à quatre roues sont au nombre de quatre: deux chars-à-banc, contenant chacun trente-six personnes, une voiture garnie pour trente personnes, et une plate-forme destinée à recevoir un chargement; la cinquième voiture est à six roues : elle a été faite pour offrir l'exemple d'un train très long (il a 4 mètres) en cas de chargement encombrant; on y a placé des banquettes qui permettent d'y recevoir cinquante et quelques personnes. Dans un grand nombre d'expériences ce convoi s'est trouvé complet en voyageurs; ce qui faisait de cent quatre-vingt à deux cents personnes, puisque souvent il y avait du monde sur la plate-forme.

Tel était le convoi lors des premières expériences. Je dois ajouter que

---

(1) C'est à M. Edwards, l'un des anciens directeurs de l'établissement de Chaillot, que je dois les dispositions qui ont été prises pour la locomotive. L'opinion de cet habile ingénieur qui, d'hésitante d'abord, est devenue, après un examen sérieux, complétement favorable à ce système, a été l'un des plus puissants encouragements pour moi.

toutes les roues sont en bois à double équage(1); les rais, placés en arc-boutant, peuvent se rapprocher au moyen de six écrous, ce qui permet de serrer constamment la roue dans son cercle sans la démonter lorsque, par suite de travail ou par le retrait du bois en séchant, les différentes parties de la roue prennent du jeu.

Ces roues n'avaient pas été mises sur le tour; toutes avaient ce que l'on appelle du faux tour, c'est-à-dire que le centre de la boîte n'était pas exactement au centre de la roue, ce qui dans la marche présentait l'effet d'un chemin dont la surface serait ondulée. Enfin les cercles des roues sont cylindriques et les rebords, au lieu de faire partie du cercle, comme cela existe ordinairement, sont rapportés et ne sont maintenus que par des boulons très minces, de manière à céder sans un grand effort en cas de frottement.

Première série d'expériences. — Après les essais nécessaires pour s'assurer qu'il n'y avait aucun danger à admettre des témoins, six expériences ont eu lieu en présence d'un grand nombre de personnes (2).

Dans toutes ces expériences la vitesse d'un tour, lorsqu'elle a paru susceptible d'être relevée, a été de deux minutes en moyenne; c'est 34 200 mètres par heure, soit huit lieues et demie. La vitesse la plus grande a été une minute quarante secondes pour un tour, c'est dix lieues et un tiers, sans ralentissement dans la courbe de 50^m.

Quatre expériences ont été faites par un temps pluvieux, deux par un temps sec; on n'a pas remarqué de différence dans la marche. Le chemin parcouru dans cette première série a été de plus de cinquante lieues; aucun accident, aucun dérangement ne s'est manifesté.

Deuxième série d'expériences. — La possibilité de parcourir, sans

---

(1) M. Deville, directeur des travaux aux ateliers des Messageries générales, a eu le premier l'idée de cette disposition de roues à double équage que nous avons appropriée en commun à cet usage: ses soins persévérants et son expérience précieuse m'ont été d'un grand secours dans toutes ces constructions.

(2) S. A. R. le duc d'Orléans, MM. le ministre des Travaux publics, le directeur-général des Ponts-et-Chaussées, les préfets de la Seine et de Police, un grand nombre de personnes de distinction, d'ingénieurs français et étrangers, ont bien voulu y assister et monter avec confiance dans les voitures, malgré le danger apparent que pouvait présenter la vitesse dans des courbes de 50 mètres de rayon.

augmentation sensible de force et sans diminution de vitesse, des courbes de 50 mètres, étant démontrée, il convenait de s'assurer que le système se prêtait aux changements de voie et qu'il permettait, par sa facilité à suivre des courbures de très petits rayons, de supprimer les plate-formes et les manœuvres qu'elles entraînent.

A cet effet, on a ajouté au chemin existant un cercle complet de 18 mètres de rayon, tangent à la courbe de 100 mètres. Ce petit cercle est, comme on le voit *fig.* 42, *Pl.* CXC, raccordé avec ce grand cercle de 100 mètres par deux arcs de cercle de 30 mètres. Ces courbes sont toutes opposées de direction et sans intermédiaire de parties droites, ce qui, à raison de l'obliquité que prennent les essieux un peu avant leur arrivée dans les nouvelles directions, doit produire cette légère raideur que l'on a observée dans ces passages, d'autant plus délicats qu'il y a, sur un espace très restreint, trente-six aiguilles destinées aux changements de voie. Dans l'application ces changements de direction pourront être adoucis; et comme d'ailleurs il n'est nullement nécessaire d'avoir des courbes d'une forme ou d'une nature déterminée, on comprend la facilité que l'on éprouverait dans les tracés qui se feraient, en quelque sorte, comme les allées d'un jardin anglais.

En septembre 1839 nous avons repris les expériences : c'est alors qu'ont eu lieu celles faites en présence et sous la direction des Commissions. C'est aussi pendant ces expériences que les cercles de roues de deux voitures ont été tournés extérieurement, afin de constater l'augmentation de résistance qu'entraîneraient des roues non tournées. Les rapports entrent dans des détails trop circonstanciés pour qu'il soit utile de les rappeler. Je me bornerai à rapporter l'expérience du 16 novembre, dans laquelle on a voulu prolonger la marche et constater la consommation d'eau et de combustible.

Le convoi se composait du tender rempli d'eau, et des cinq voitures pesant ensemble 14 tonnes; on avait chargé 200 boulets de 12, ce qui présentait un poids total de 26 tonnes. Avant de reprendre de l'eau, sept personnes étaient sur le tender; après, il y en avait dix-sept. L'espace parcouru a été de 60268 mètres, le temps employé en marche de 101 minutes 30 secondes; la quantité de coke consommée, 11 hectolitres $\frac{1}{2}$, en poids 460 kilog., y compris la mise en feu et ce qui restait sur la grille à la fin de l'expérience. L'eau vaporisée a été évaluée à 3 mètres cubes. La plus grande vitesse soutenue, pour un tour entier, a été de 11^m,50 par seconde.

Troisième série d'expériences. — L'hiver ayant amené un repos forcé, le convoi est resté cinq mois sans abri, le hangar ne permettant de remiser que la locomotive. Pendant ce temps, j'ai fait faire un waggon propre au transport de la houille. Ce waggon se déchargeant par le fond, j'ai dû substituer aux chaînes croisées sous la flèche un autre procédé pour faire converger les essieux (*Pl. II, fig.* 6 et 7). Ce procédé consiste à relier les deux extrémités des deux essieux d'un même côté, par une tringle parallèle au brancard du waggon; l'une des extrémités de cette tringle se termine par un bout de chaîne, qui, avant d'être attachée à l'essieu, passe sur une petite poulie fixée au brancard au-delà de cet essieu; les fusées des essieux n'ont que 55 millim. de diamètre, les roues sont celles dont on se sert sur le chemin de Saint-Étienne à Lyon. Ce waggon est muni d'une enrayure, et d'un appareil très simple au moyen duquel les essieux sont rendus instantanément parallèles, ce qui alors met ce waggon dans les conditions habituelles; enfin il peut marcher dans les deux sens et peut charger 40 hectolitres de houille. On l'a rempli de cailloux: le poids d'un hectolitre de cailloux est d'environ 120 kilog.; avec cette charge il a suivi constamment le convoi à la suite duquel il est remorqué.

Cette série d'expériences comprend huit séances qui peuvent, l'une dans l'autre, présenter un parcours de 80 lieues, ce qui doit élever l'espace parcouru à plus de 250 lieues.

L'une de ces expériences, celle du 27 octobre, mérite d'être rapportée (1). Par suite d'un malentendu, un signal n'ayant pas été aperçu à temps, et le convoi étant lancé sans que l'on ait eu le temps de retarder suffisamment sa marche, on est entré dans les petites courbes avec une vitesse qui a été estimée environ 8 mètres par seconde. Il est à remarquer que jusque-là on n'avait pas cru devoir entrer dans ces courbes

---

(1) Cette expérience a eu lieu en présence de Mgr le duc d'Aumale, qui se trouvait sur le tender, et de MM. Piobert, de l'Académie des Sciences; Morin, professeur au Conservatoire; Bineau, ingénieur des Mines; le major Poussin, ingénieur; Breguet, horloger; les voitures étaient presque au complet en voyageurs.

avec une vitesse de plus de $3^m,50$ à $4^m,50$ par seconde, et que le train avec le dernier waggon de transport occupant une longueur de 45 mètres, il s'est trouvé engagé au même instant sur la courbe de 100, de 30 et de 18 mètres, puisque l'arc de 30 mètres de rayon a à peu près 33 mètres de développement et que le convoi en avait 45. Cependant les trains n'ont éprouvé aucun accident, les galets ont parfaitement fonctionné, tout s'est réduit à l'effet d'un triple changement de direction sur les personnes elles-mêmes dans un temps très court. Cette rude épreuve a paru décisive en faveur du système à toutes les personnes à même d'apprécier la difficulté vaincue.

Dans une séance qui a eu lieu le 8 octobre, nous avons fait l'essai d'une plate-forme propre à porter des diligences. La facilité d'allonger à volonté le train m'a permis de placer la plate-forme rasant en quelque sorte la surface supérieure des rails, de telle sorte que les roues de la voiture transportée ne sont élevées que de l'épaisseur des brancards de la plate-forme. La voiture, placée facilement sur cette plate-forme, a parcouru sans difficulté le chemin à plusieurs reprises, avec la vitesse ordinaire et sans la plus légère apparence de danger. Il faut remarquer que dans ce cas particulier l'abaissement considérable de la charge était une condition pour parcourir sans ralentissement des courbes de 50 mètres de rayon (*Pl. II, fig.* 3 et 4).

De ces différents essais il résulte la preuve que, sans augmenter les dangers ou la résistance, et par conséquent les frais, et sans diminuer la vitesse, on peut :

Élargir la voie jusqu'à la limite d'une proportion convenable pour la confection des essieux, ce qui doit permettre l'augmentation de la vitesse;

Allonger les trains; ce qui donne plus d'assiette à la voiture.

Baisser les caisses des voitures, si on le juge utile par suite de l'augmentation de vitesse, puisque les brancards de notre plateau touchent en quelque sorte les rails, et que sans atteindre cette limite extrême on peut s'en rapprocher.

Diminuer le poids des voitures, ce qui diminuera le poids improductif des diligences, et conséquemment celui des locomotives, tout en diminuant aussi le prix des unes et des autres. Je crois pouvoir évaluer à 1000 ou 1200 kilog. la différence de poids, et à 1000 fr. celle du prix sur chaque voiture à contenance égale.

Augmenter la douceur. Il est clair que la suspension bridée qui ne peut s'exercer que dans la verticale, est moins parfaite que celle qui laisse à la caisse son entière liberté en tous sens.

Un grand avantage a déjà été retiré de cette propriété du système de rendre le convoi inextensible, quoique articulé : c'est de pouvoir au besoin (par exemple sur un chemin qui offre de grandes descentes) enrayer toutes les roues du convoi par l'action d'un seul homme. N'est-il pas possible de prévoir, sans laisser s'égarer l'imagination, que cette propriété permettra un jour d'utiliser le gaz et la vapeur pour éclairer et chauffer les voitures ?

Ces expériences, jusqu'à ce jour, ne nous ont pas fait pressentir la nécessité ou même l'utilité d'apporter le plus léger changement au système. L'ajustement des timons et la manière de fixer les chaînes ont paru pouvoir être simplifiés, ainsi que je l'indiquerai plus bas. Les galets sont les seules parties délicates du système; en augmentant un peu la hauteur de leurs moyeux et peut-être un peu aussi leurs diamètres en cas de grandes vitesses, on pourrait compter sur un bon et long service, surtout si l'on adoptait l'une des formes de rails représentées *fig.* 7 et 8, *Pl. I*; le premier a été indiqué par M. Coste, ingénieur des Mines, directeur du chemin de fer de Lyon à Saint-Étienne; le deuxième est celui que M. Brunel a employé sur le chemin de Londres à Bristol.

Je n'entre pas dans les considérations d'économie de l'établissement de la voie; elles ont frappé tous les esprits, et l'importance que les Commissions ont donnée à cette question me dispense de la traiter.

Quelques objections ont été faites, je tâcherai de les reproduire toutes; il en est beaucoup auxquelles les rapports et les expériences ont déjà suffisamment répondu, et que par conséquent je ne ferai qu'indiquer.

Le grand nombre de pièces qui composent les chaînes exposent à des accidents nombreux. On a vu (page 64, rapport de M. Fèvre) quelle était la tension de ces chaînes dont on s'était exagéré la fatigue, sans doute parce que l'on oubliait que ce sont les timons qui transmettent la traction, tandis que les chaînes ne font que donner la direction. L'expérience a prouvé qu'une chaîne non attachée n'avait donné lieu à aucun accident (page 83, rapport de M. Arago). On peut toujours soumettre une chaîne à l'épreuve, et dans aucun cas un défaut de force dans une pièce ne peut être une objection contre un système lorsqu'on peut augmenter sa résistance sans rien changer aux autres pièces.

Le système est plus compliqué que celui en usage. Si l'on observe que les chevilles-ouvrières, les chaînes, les couronnes et les timons remplacent les plaques de garde, les boîtes à graisse, les tampons, les ressorts de traction et de percussion et leurs armatures, ainsi que les crochets et les chaînes d'assemblage, on remarquera que ni en nombre, ni en poids, ni en valeur, il n'y a de comparaison à établir; l'erreur ne peut donc provenir que de l'habitude que l'on a de voir les voitures actuelles. Les *fig.* 1 et 2, *Pl. II*, qui représentent, la première, une voiture actuellement en usage; la deuxième, une voiture d'après le système proposé, font facilement apprécier la différence.

Les voitures sont plus élevées que celles des chemins de fer. C'est encore une erreur, les figures qui viennent d'être citées le prouvent: il n'y a aucune raison pour qu'il en soit ainsi; c'est le contraire qui pourrait avoir lieu, puisque la facilité d'augmenter la longueur des trains des voitures permettrait, au besoin, de placer les caisses entre les essieux et rasant le sol, ce qui ne se pourrait avec le système actuel. La plate-forme dont j'ai parlé, qui se trouve représentée *fig.* 9, *Pl. II*, en offre la preuve.

L'élargissement forcé de la voie est un inconvénient grave. On a dit le motif qui a fait adopter une voie de $1^{m},675$ pour ce chemin d'expérience, au lieu de $1^{m},45$ qui est la voie ordinaire; c'est donc à tort que l'on a regardé cette mesure comme une nécessité du système. Dans tous les cas, si l'utilité de conserver la même voie pour tous les chemins de fer offre quelque avantage, ce qui, pour beaucoup de personnes, paraît contestable, la facilité de l'élargir en présente de précieux pour l'accélération de la marche, personne ne le pose en doute.

Les essieux supportent la charge au milieu de leur longueur. La charge est supportée à 50 centimètres du centre, comme elle l'est sur les essieux d'avant-train de la plupart des voitures particulières ou publiques soumises à des chocs plus violents, ce qui peut rassurer; toutefois, l'aspect de la locomotive prouve que les points d'appui peuvent être reportés extrêmement près des moyeux des roues.

Les sellettes éprouvent un frottement qui remplace en partie celui des jantes sur les rails. Il ne le remplace *qu'en partie*, en effet, puisque pour le système nouveau il n'a lieu qu'à l'entrée ou à la sortie des courbes, tandis que le glissement de l'une des roues est continuel dans les courbes; il convient d'ajouter que le premier s'opère entre deux surfaces constamment lubréfiées, ce qui n'a pas lieu pour le second, et réduit la résistance des deux tiers, toutes autres circonstances égales d'ailleurs.

Les essieux prenant leur obliquité un peu trop tôt, il y aurait le plus grand danger à entrer avec vitesse dans les petites courbes. Les rapports sont d'accord sur le peu de danger que présente cette circonstance (page 82, rapport de M. Arago) et sur les précautions qu'il conviendrait d'adopter dans les tracés pour s'en garantir complétement. L'expérience citée à la page 97 prouve jusqu'à l'évidence que ces craintes n'étaient pas fondées.

L'agrandissement de la boîte de roue de quelques millimètres permettant à la roue de se placer très obliquement sur le rail, il en résulte un danger certain de déraillement. La fusée d'essieu s'appuie dans la boîte de roue selon une ligne horizontale dont la position, presque invariable, est déterminée par la charge qui pèse verticalement et la force de traction qui agit horizontalement. Rien ne sollicitant la roue à quitter cette position sur la fusée, on pouvait présumer que le danger signalé n'était pas réel; cependant il convenait de s'en convaincre: j'ai fait agrandir une boîte de huit millimètres (ce que la négligence la plus grande ne permettrait pas d'atteindre), et l'on n'a pas remarqué la plus légère tendance à l'obliquité, les conditions de marche n'ayant pas été changées; l'expérience a eu lieu en présence des auteurs de l'objection.

Le bris d'un galet exposerait aux plus grands dangers. Il est de fait qu'avec un galet de moins le rectangle peut prendre une position oblique dans le chemin. Il est souvent impossible de se garantir contre les effets de la rupture d'une pièce importante, les locomotives en offrent de nombreux exemples; mais ici heureusement la chose est facile: il suffit pour cela de prolonger chacune des branches diagonales qui portent les galets, puis de les recourber verticalement de manière à ce que cette portion recourbée, sans toucher le rail, n'en soit éloignée que de quelques millimètres lorsque le galet touche ce même rail. Cette branche, comme on le voit, remplacerait momentanément le galet et préviendrait tout accident. Cette disposition est représentée *Pl. II, fig.* 8 et 9.

On a souvent besoin d'augmenter instantanément le nombre des voitures, et l'accouplement paraît difficile et long.

Il est vrai que j'ai commencé par le moyen le plus compliqué (cela arrive assez souvent); le second moyen employé à Saint-Mandé était préférable, mais il y avait encore des clavettes, et il fallait pour serrer l'écrou de la clavette une clé détachée. Celui que je propose maintenant me paraît plus prompt et plus simple: les deux moitiés du même timon qui se terminent par deux douilles percées dans le sens de leur longueur, sont rapprochées par une vis engagée à clou tournant dans l'une de ces douilles et à vis dans l'autre (cette vis portant sa clé, *Pl. II, fig.* 10); les bouts de chaîne, dont la longueur est fixée à l'avance, se terminent par un anneau, et les tiges de fer qui les réunissent par un crochet; ces crochets engagés dans les anneaux, on détourne assez la vis pour tendre la chaîne, ce qui termine l'opération; toutes ces pièces se font sur le tour, par conséquent le travail en est simple et peu coûteux.

On présente comme un avantage la suppression des plate-formes et les gares circulaires, parce que l'on ne peut ni employer les premières, ni se passer des secondes. Si l'objection était réelle, il resterait à établir de quel côté est l'avantage, soit comme économie, soit comme complication de mouvement dans les manœuvres; mais il n'en est point ainsi, et la facilité avec laquelle on peut disposer les voitures pour rendre leur mouvement rétrograde comme on va l'expliquer, prouvera que ce système peut, sans le moindre inconvénient, s'appliquer aux chemins et aux gares actuels.

On ne peut donner aux convois une marche rétrograde, et cependant le recul est indispensable. Quoique ces deux expressions soient synonymes, je desire les distinguer : j'appellerai recul le mouvement individuel que l'on fait subir aux voitures dans les ateliers et les gares, ce qui se fait toujours à bras d'homme, ainsi que celui que l'on imprime à tout un convoi, soit pour passer d'un quai d'arrivée à un quai de départ, soit encore pour reculer vers une station qu'un conducteur a dépassée, ce qui a lieu sans vitesse quoique avec la locomotive.

Au contraire, j'appellerai marche rétrograde la marche d'un convoi avec vitesse, dans un sens opposé à celui dans lequel il était précédemment en mouvement, ou encore, l'obligation de faire rétrograder un train jusqu'à la première gare d'évitement, lorsque, par suite de désordre dans le service, deux convois vont à la rencontre l'un de l'autre sur la même voie. Ce dernier cas, tout-à-fait accidentel, s'est rarement présenté; on peut même ajouter heureusement que l'habitude du service des chemins de fer en éloigne tous les jours la chance; mais encore peut-il avoir lieu, et doit-il par conséquent être prévu: je réponds donc à chaque cas.

Pour le recul individuel des voitures dans les gares, ou ateliers, au moyen d'une simple cheville qui passe dans deux trous qui se correspondent, percés dans les deux couronnes d'un même essieu, l'une servant de plaque de lisoir, l'autre de plaque de sellette, les deux essieux d'une même voiture deviennent fixes et parallèles comme le sont ceux des voitures actuelles, ce qui leur permet les mêmes mouvements.

Pour le recul d'un convoi dans les gares ou pour rétrograder vers une station dépassée, je rappelle qu'au moyen d'une seule manivelle tous les essieux d'un convoi perdent leur mobilité autour des chevilles-ouvrières, ce qui permet au convoi de reculer sans hésitation et sans retard sur les lignes droites ou les courbes de grands rayons; or cette position est toujours celle des stations pour éviter les accidents par surprise.

Il ne reste que le cas où ce système serait appliqué à quelque chemin établi d'après le système en usage et qui nécessite la marche du convoi alternativement dans les deux sens, ou bien encore le cas de rencontre fortuite. MM. les rapporteurs ont bien voulu m'indiquer eux-mêmes un moyen d'y pourvoir, et c'est leur idée que j'applique: il suffit d'adapter des galets directeurs à la dernière voiture, précaution toujours bonne, et de placer une petite couronne à l'avant-train de chaque voiture, comme il y en a une à l'arrière-train; de telle sorte qu'en fixant à l'avance des bouts de chaîne sur chaque couronne, il n'y ait qu'à changer les tringles qui les unissent. On se rappelle avec quelle facilité le changement est possible; cela se borne à faire faire un tour à la vis qui réunit les deux demi-timons pour les rapprocher, ce qui permet de décrocher les tringles et de les changer, puis à détourner cette même vis pour tendre les chaînes.

Si cette manœuvre doit se faire dans les gares non circulaires, on peut affirmer qu'elle ne nécessitera pour chaque voiture qu'une faible partie du temps qu'il faut pour retourner une locomotive sur les plate-formes; si au contraire c'est par suite d'accident que doit se faire ce changement, ils sont fort heureusement assez rares pour que la perte d'une demi-minute, si chaque voiture a son conducteur, soit de quelque importance.

Je n'ai jamais pu prétendre présenter du premier jet des modèles de construction qui ne laissent rien à desirer; aussi faut-il moins s'arrêter aux moyens d'application qu'au système lui-même; cependant, tout me porte à croire aujourd'hui, et je le dis sincèrement, qu'aucune objection sérieuse ne s'oppose à l'application de ce système tel qu'il a été expérimenté et que je l'indique. Je l'ai proposé pour un chemin de fer de Paris à Meaux, sur l'une des berges du canal de l'Ourcq qui offre des portions très sinueuses entre Claye et Meaux. Je joins ici le dessin d'un embarcadère projeté à Meaux. La seule inspection prouve combien le service y serait simple, agréable et facile; il n'y aurait besoin, comme on le voit, d'aucune plate-forme, et un convoi arrivé repartirait sans la plus légère manœuvre.

Je ne me suis jamais dissimulé les difficultés que rencontrerait l'application d'un nouveau système de chemins de fer, quels que fussent d'ailleurs les avantages qu'il promettrait; il est naturel que les administrateurs de ces vastes entreprises redoutent de compromettre leur responsabilité, en adoptant une aussi complète innovation; mais une plus grande résistance, peut-être, devait surgir de la part des personnes déjà engagées dans des projets anciens ou nouveaux, ou même dans des études. Pour lever toutes les objections sérieuses ou non, pour ne plus laisser de prétexte à l'hésitation, il faut donc une application utile; mais avant de solliciter cette application j'ai compris qu'il fallait des expériences sur échelle d'exécution, renfermant des difficultés plus grandes que celles que l'on sera jamais dans l'obligation de surmonter dans la pratique. Enhardi par mes propres convictions et peut-être plus encore par les conclusions du premier rapport de l'Académie, j'ai accepté l'offre de quelques amis de se joindre à moi pour entreprendre ces expériences: puissent-elles paraître concluantes! Si je savais ce qui leur manque pour les rendre telles, je m'empresserais de le faire.

L'établissement des chemins de fer n'est plus seulement une mesure de progrès et de civilisation, c'est une nécessité politique depuis que nous voyons les pays environnants en presser aussi activement la construction. Si l'éloignement les uns des autres de nos grands centres de population, la nature généralement accidentée de notre sol, la rareté des capitaux, et surtout des circonstances contraires ne nous ont permis de suivre que de très loin jusqu'à ce jour les peuples qui nous ont précédés dans cette voie de progrès, ne devons-nous pas tout tenter pour obtenir les mêmes avantages avec de moins grands sacrifices, et chercher à nous rendre ainsi favorable le retard forcé qui provoque nos regrets toutes les fois que nous jetons les yeux sur les travaux qui font l'orgueil de nos voisins?

DES WAGGONS ET VOITURES

SUR LES CHEMINS DE FER (1).

Tout le monde sait aujourd'hui que les chemins de bois ont précédé les chemins de fer, et leur ont donné naissance ; c'est par une succession de perfectionnements et de transformations, provoqués par l'extension que l'on a donnée à leur usage, que ces moyens merveilleux de transport sont arrivés au point où nous les voyons.

La première application des chemins de bois a eu lieu dans les galeries de mines ; l'exploitation se faisant souvent sur un point très éloigné de celui où s'opère l'extraction, cela oblige à effectuer dans ces galeries étroites, basses, sinueuses, d'un sol très inégal et très inégalement résistant, des transports extrêmement considérables. Ces transports n'ayant qu'une durée limitée, il fallait des chemins peu coûteux à établir, faciles à déplacer, et cependant d'autant plus favorables à la traction, que l'exiguité en tout sens des galeries oblige le plus souvent à n'employer, pour opérer ces transports, que des enfants et des véhicules proportionnés à leur force (2).

Ces premiers chemins furent de simples planchers, ces premiers véhicules des petits chariots ayant trois ou quatre roues, le défaut de hau-

---

(1) Quelque rapide que soit cette note historique, dans la crainte de répéter en partie ce que l'on a lu dans les rapports qui précèdent, j'hésitais à la publier ; mais comme elle renferme quelques détails nouveaux, au risque de me faire reprocher ces redites, je la joins ici.

(2) Une partie de ce qui a trait à l'exploitation des mines est due à M. Combes, ingénieur en chef des Mines, professeur du cours d'exploitation à l'École royale des Mines.

teur empêchant l'usage de la brouette qui nécessite la position verticale de celui qui la conduit : les plus anciens avaient les deux essieux fixés au coffre; plus tard on en fit qui ressemblaient, quant à la disposition des essieux et des roues, aux voitures à quatre roues en usage, c'est-à-dire qu'ils avaient sur le devant un essieu pivotant autour d'une cheville ouvrière, sur le derrière un essieu fixé au coffre; les quatre roues étaient libres sur les fusées d'essieux.

Il fallait éviter deux inconvénients assez graves, le choc de ces chariots contre les côtés de la galerie, et l'obligation de les traîner derrière soi pour les guider, ce qui, sur des planchers grossièrement faits, et surtout dans les descentes, était de nature à occasionner de nombreux accidents.

On y parvint en adaptant, à ceux dont les essieux étaient fixés à la caisse, et sous le milieu de ces essieux une cheville verticale qui s'engageait dans un interstice laissé entre les deux madriers sur lesquels roulent les roues, et à ceux dont l'essieu de devant était mobile une sorte de timon recourbé qui, d'abord horizontal, descendait ensuite verticalement et glissait dans le même interstice (1).

L'avant-train ainsi guidé par cette crosse, l'ouvrier, au lieu de tirer la voiture derrière lui, put la pousser, position à la fois moins dangereuse et moins pénible; puis, cette crosse reçut une forme plus appropriée à sa destination et fut garnie d'un galet horizontal, lequel s'engageant dans la rainure détruit les frottements vifs.

Dans cet état, l'arrière-train pouvait encore quitter le milieu de la galerie et heurter contre ses parois; pour y parer, quelques-uns adaptèrent à l'essieu de derrière les dispositions indiquées pour celui de devant, c'est-à-dire la cheville-ouvrière et le galet-guide; d'autres s'aperçurent qu'en reliant les deux essieux par une barre rigide, placée diagonalement, et fixée à charnière aux deux extrémités opposées de deux essieux du même waggon, on pouvait supprimer le galet du deuxième essieu et obtenir ainsi plus simplement par le premier essieu la direction du second. Plusieurs autres moyens de convergence plus ou moins rigoureux furent également employés.

---

(1) On en voit plusieurs exemples dans Brard, *Éléments pratiques d'Exploitation*; 1829, page 233.

Par cette disposition on eut, comme on le voit, des waggons montés sur deux essieux traversés par des chevilles-ouvrières; le premier, guidé dans sa direction normale au chemin par le chemin lui-même, et communiquant au second la direction symétrique par rapport à l'axe de la voiture, les roues restant toujours libres sur les fusées; c'est-à-dire qu'à la perfection près de ces deux moyens, d'ailleurs si simples, ce waggon réunit les conditions nécessaires pour suivre sans raideur toute espèce de courbes.

L'économie de force que l'on obtenait par ce mode de transport dans les galeries, fit penser à l'utiliser pour les mouvements qui s'opéraient à la surface du sol; mais là où l'on pouvait employer la force du cheval, il fallut faire usage de chariots plus grands, établir une voie plus large.

Les roues passant toujours sur la même trace, on adopta des madriers plus étroits mais garnis d'un rebord, soit en dedans soit en dehors de la voie, afin de prévenir la déviation. Le cheval pouvant lui-même donner la direction, on supprima le guide, et l'on fut ainsi dispensé de la recherche d'un moyen nouveau d'appliquer ce guide, à raison du changement de disposition que l'on faisait subir à la voie.

Bientôt pour prévenir l'usure, les madriers furent garnis d'une bande de fer, et l'usage de ces chemins, dits à ornière, se généralisa. Mais la voie se remplissait de boue, on eut l'heureuse idée de supprimer ces rebords et de les remplacer par des joues saillantes adaptées aux roues intérieurement.

L'emploi de ces bandes de fer avait diminué de moitié la résistance comparativement au bois. Pour utiliser toute la force du cheval il convenait qu'il traînât plusieurs waggons; mais comme il ne pouvait en guider qu'un seul, il fallut recourir à un moyen pour maintenir les autres sur la voie. Dans plusieurs établissements on se contenta de lier les essieux de deux waggons consécutifs par des chaînes croisées (1); dans d'autres on renonça à la liberté des essieux, on les fixa au coffre en les

---

(1) Ce moyen de communiquer le mouvement, quelque défectueux qu'il soit, et celui de la barre diagonale pour faire converger les essieux, ont dû recevoir de nom-

rapprochant, et l'on donna aux rebords des roues la force et la forme convenables afin que leur frottement dans les courbes repoussât sur la voie le waggon qui tendait à en sortir par le fait du parallélisme de ses essieux.

Ce moyen devait séduire par sa simplicité; l'économie de force que l'on retirait de ce mode de transport était telle, comparée aux moyens ordinaires, que l'on faisait volontiers le sacrifice d'une partie de cette force pour vaincre la résistance qu'offrait le passage des courbes.

La fonte ne tarda pas à être substituée au bois garni de fer, et l'usage de ces chemins prit plus d'extension; mais les rails en fonte étaient très courts, les jointures multipliées engendraient des défectuosités dans la voie et par suite de fréquents déraillements. Pour y remédier, on commença par fixer l'une des roues sur l'essieu en laissant tourner celui-ci dans des coussinets, la seconde roue restant libre sur la fusée; puis on fit des waggons à quatre essieux dans lesquels chaque roue avait le sien; enfin on pensa qu'en fixant définitivement les deux roues sur les essieux on remédierait plus complétement à cet inconvénient par la résistance que se prêteraient mutuellement les roues; cette disposition, qui nécessitait des roues d'un diamètre rigoureusement égal, créait une nouvelle résistance dans les courbes par suite du glissement forcé de l'une des roues, mais elle était une conséquence du parallélisme des essieux; elle fut généralement adoptée: sans elle il n'y avait pas possibilité d'augmenter la vitesse.

L'application du laminoir à la fabrication des rails permit de remplacer les rails de fonte très courts, par des rails de fer malléable quatre ou cinq fois plus longs, ce qui apporta une immense perfection dans l'établissement de la voie; dès-lors l'usage des chemins de fer s'étendit définitivement au transport des voyageurs, et l'emploi de la vapeur comme moyen de traction et d'accélération de vitesse, réalisa les prodiges dont nous sommes les premiers témoins.

Ces succès miraculeux de vitesse fermèrent généralement les yeux sur

---

breuses applications; ils sont encore en usage aux mines d'Ornu, où ils ont été adoptés avant 1827, sur un chemin de fer qui, traversant la route de Paris à Bruxelles, sert à transporter le charbon au rivage de Saint-Guislain.

les inconvénients graves dus au parallélisme des essieux et à la fixité des roues sur ces essieux ; ce système de construction fut conservé, et il fut en quelque sorte admis en principe par les ingénieurs des chemins de fer qu'il n'y avait rien à changer à ces dispositions fondamentales. Cependant, comme palliatif, on fut successivement conduit d'abord à rapprocher les essieux d'une manière démesurée, eu égard à la longueur des caisses, mais avec une grande vitesse, ce rapprochement provoquait trop le mouvement dangereux connu sous le nom de lacet, puis à agrandir progressivement le rayon des courbes, ce qui rend l'établissement des chemins de fer coûteux et quelquefois impossible; ensuite on donna aux cercles des roues une forme conique, parce que les voitures, cédant dans les courbes à la force centrifuge, se jettent sur le rail extérieur, et que dans cette position la roue extérieure porte sur un cercle plus grand tandis que la roue intérieure porte sur un cercle plus petit.

Cette dernière disposition a l'avantage de s'opposer au déraillement dans les courbes, mais elle a plusieurs inconvénients : elle provoque aussi le mouvement de lacet dans les parties droites lorsque, par suite du plus léger accident, les deux roues ne portent pas sur un cercle d'un diamètre parfaitement égal ; elle donne lieu par le fait même de la pose des rails, à ce que ces roues ne portent que sur une arête, lorsque la surface du rail est horizontale, ou à ce que les roues motrices de la locomotive ne portent pas sur toute la largeur du rail, lorsque cette surface est inclinée.

Ainsi, comme on le voit, avec les essieux parallèles et les roues fixées sur ces essieux, on peut parcourir les courbes mêmes de très petits rayons, mais alors on augmente progressivement la résistance, les frais de traction et ceux d'entretien, et l'on diminue forcément la vitesse à mesure que l'on diminue les rayons des courbes sous peine de courir les plus grands dangers, c'est-à-dire qu'on se prive du plus grand mérite des chemins de fer.

On sait qu'aux États-Unis ces sortes de chemins sont généralement construits avec beaucoup de hardiesse et d'économie; que sur quelques-uns les courbes ont parfois moins de 300 mètres de rayon ; pour diminuer la résistance des waggons ou voitures, on se borne à rapprocher les essieux et à ralentir la marche, et l'on subit les conséquences du frottement; mais comme il faut de toute nécessité un train plus long pour les locomotives, on a établi pour celles-ci un avant-train ayant deux essieux parallèles et très rapprochés; sur le milieu de cet avant-train, précisément au centre des quatre roues, on place une cheville-ouvrière sur laquelle vient s'engager l'extrémité d'une flèche, qui fait partie du cadre qui porte la locomotive. On peut se faire une idée exacte de cette disposition, en supposant que le train et le corps d'une voiture ordinaire représentent la locomotive, et que l'avant-train, au lieu d'avoir deux roues et un seul essieu traversé par la cheville-ouvrière, a quatre roues et deux essieux également distants de cette cheville-ouvrière.

Je ne crois pas devoir citer comme moyen cette idée qui consiste à laisser aux essieux, sans être guidés, la liberté nécessaire pour converger dans les courbes. Il est clair qu'il faut peu d'efforts pour conserver à un essieu sa direction ou lui en imposer une convenable; mais sa tendance en arrivant à une courbe est de se placer mal. En effet, la roue extérieure ne tarde pas dans ce cas à rencontrer le rail, qui se ferme devant elle, tandis que celui du dedans s'ouvre devant la roue qui se trouve de son côté. Cette résistance retarde donc la roue extérieure au moment où elle devrait avancer, et l'essieu se trouve ainsi prendre une obliquité opposée à celle qui lui convient.

Par suite du frottement continuel du rebords des roues dans les courbes ou de l'effet du mouvement de lacet, les essieux ne tardent pas à prendre du jeu dans les coussinets. Au lieu de regarder ce jeu, ainsi que cela a lieu dans toutes les machines, comme un principe de dégradation qui s'augmente toujours progressivement, on s'étourdit en pensant que cela facilite le mouvement; cependant ce que l'on ne peut se dissimuler, c'est que ces dispositions exigent des machines beaucoup plus puissantes, que l'on ne peut, sans augmentation de frais de toute nature, y conserver la vitesse des chemins à voyageurs, et que dans tous les cas cette vitesse expose à de grands dangers, surtout quand le chemin n'est pas dans un état parfait d'entretien.

Afin d'éviter le glissement de la roue extérieure dans les courbes, ou pour prévenir les accidents qui résultent de l'accouplement des roues lorsque le chemin présente des tassements, M. Stephenson, sans renoncer à la fixité des roues sur les essieux, a proposé de reprendre le procédé déjà indiqué, qui se trouve décrit dans les *Richesses minérales*, par M. Héron de Villefosse, c'est-à-dire de donner à chaque roue un essieu particulier.

Ce n'est que lorsque les chemins de fer ont pu être utilisés au transport des voyageurs comme moyens de célérité, qu'ils ont réellement fixé l'attention, et c'est alors aussi qu'ont commencé les recherches des procédés propres à remédier aux inconvénients signalés.

A part donc le système en usage dans lequel les voitures ne sont maintenues sur la voie que par le frottement des rebords des roues, trois principes ont paru seuls jusqu'à ce jour conduire au résultat cherché; ces principes sont (1) :

1°. Réduire la voie à un seul rail;

2°. Faire porter les deux roues d'un même essieu dans les courbes sur deux cercles de diamètres inégaux, en laissant les roues fixées aux essieux;

3°. Faire concourir les essieux au centre de la courbe à parcourir, en rendant aux roues leur liberté sur les fusées d'essieux.

Deux dispositions ont été employées dans l'application du premier principe (2). La première consiste à isoler complétement ce rail unique et à le placer à une hauteur telle que la charge soit tout-à-fait suspendue; à part d'autres considérations, la construction des supports fixes ou mobiles de ce monorail, ainsi qu'on l'a tour à tour proposé, doit en rendre l'application très dispendieuse.

La deuxième disposition consiste à placer le rail très peu élevé audessus du sol, ce qui, de toute nécessité, entraîne la construction de

---

(1) Ces trois principes ont donné lieu à de nombreux essais: les plus anciens connus ont eu lieu en Angleterre, et cela devait être, puisque c'est là que les premiers chemins de fer à voyageurs ont été établis. Ces essais ont été répétés en France et ailleurs, quelquefois avec les mêmes moyens d'exécution, quelquefois avec des moyens différents; mais, ce qui est présumable, ils ont dû l'être le plus souvent, dans l'ignorance de ce qui avait été tenté. Je me bornerai à rappeler les plus anciens essais dans chaque genre.

(2) En janvier 1824, un M. L. H. a inséré dans le n° 8 du *Register of Arts*, un article dans lequel il indique le procédé à un seul rail de M. Palmer. Un ouvrage intitulé *A Practical treastise on rail-roads*, publié à Londres en 1837, reproduit cette découverte de M. Palmer, et en propose l'application à des chemins en fer sur lesquels on utiliserait la force du vent comme moteur.

roues et de voies latérales pour maintenir l'équilibre et en fait un système à trois voies.

Le deuxième principe, celui de faire porter, dans les courbes, les roues accouplées sur deux cercles de diamètres différents ne présente qu'une solution rigoureuse (1). Elle consiste à ne mettre qu'un seul essieu à chaque voiture. En effet, cet essieu représentant l'axe d'un cône ayant son sommet au centre de la courbe à parcourir, et roulant sur l'une de sa génératrice tangente aux deux roues d'un même essieu, à la partie qui porte sur les rails, il n'y a dans ce cas aucun glissement, mais elle offre des difficultés sérieuses dans l'application par la grande mobilité de chaque voiture sur ses roues. Si au contraire on fait porter le waggon sur deux essieux parallèles, chacun d'eux tendant à opérer individuellement sa révolution, et les deux centres étant différents, il en résulte un glissement forcé et par suite une résistance d'autant plus considérable que la distance qui sépare les deux essieux est plus grande, et que les rayons des courbes à parcourir sont plus petits. Pour la faire disparaître, il faudrait confondre les centres de rotation, c'est-à-dire faire converger les essieux au centre de la courbe; mais alors on retomberait dans le troisième principe, en conservant le désavantage marqué de ne pouvoir suivre que des arcs de cercle d'un seul rayon, ou de deux rayons déterminés, ce qui augmente la largeur et le poids des roues; de plus, la résistance due au glissement changeant avec la vitesse, les mêmes dispositions de diamètres des roues et de rayons des courbes, ne conviennent pas à toutes les vitesses, et il faut une disposition supplétive pour se garantir contre les effets de la force centrifuge.

La résistance qu'occasionne le parallélisme des essieux s'applique également aux roues qui, au lieu d'être étagées, ont une surface conique; si celles-ci ne sont pas, comme les premières, assujéties à ne parcourir que des rayons de courbure déterminés, elles ont l'inconvénient de devoir être d'un diamètre très petit, même pour des courbes d'un assez grand rayon, sous peine d'avoir une surface conique très prononcée, ce qui est un autre inconvénient.

---

(1) On trouve dans le *Journal of Arts and Sciences;* London, 1825, page 301, qu'un M. William Henri James a proposé un système de roues à trois portées, ce qui permet de décrire des arcs de cercle de deux rayons différents.

Le troisième moyen est de rendre les essieux constamment perpendiculaires à la voie et de remonter aux principes du chariot de mines, c'est-à-dire adopter un appareil directeur pour les essieux et les faire converger (1).

Dans ce cas on peut, ou imiter la disposition adoptée dans les mines, et établir une rainure en fonte ou bois au milieu de la voie en y engageant un galet directeur, ou remplacer cette rainure par une barre et l'étreindre entre des galets, ou encore disposer à la naissance des courbes un obstacle indépendant de la voie qui imprime aux essieux la position convenable.

Dans les deux premiers cas c'est ajouter un troisième rail plus coûteux que les autres et encourir des difficultés sérieuses de construction pour les croisements de voie; le dernier procédé m'a paru nécessiter un mécanisme trop délicat pour une semblable application, et présenter pour de grandes vitesses des chocs dont la précision et la forme de l'obstacle ne parviendraient pas à garantir. Cette objection se comprend lorsque l'on pense à la très légère obliquité que prend un essieu pour une courbe de petit rayon, et par conséquent à l'absolue nécessité de conserver une relation parfaite entre la hauteur de l'obstacle et le rayon de la courbe à parcourir, et cependant cette relation doit se conserver malgré les tassements si multipliés et les travaux que nécessite souvent le calage des traverses, lequel sera précisément plus fréquent sur ces points que sur tout autre, puisque c'est dans les courbes et à leur naissance que le convoi appuie plus fortement sur l'un des rails.

L'idée à laquelle j'ai cru devoir m'arrêter a été de regarder les deux rails comme deux guides entre lesquels je ferais glisser un rectangle comme un tiroir dans ses coulisses; de fixer invariablement l'essieu sur

(1) Pour ne rien omettre, il faut citer le procédé qui consiste à faire donner la direction par un conducteur, comme on l'a vu dans les essais de voitures à vapeur pour les routes ordinaires; cette idée appliquée aux chemins de fer serait d'un danger qui la ferait promptement repousser; cependant elle a été produite dans un système à essieux convergents exposé dans le même *Journal Arts and Sciences*, 1825, *London*, page 304. Dans ce système, l'obliquité se communique par le même mouvement et par conséquent au même instant à tous les essieux d'un même convoi, ce qui serait une nouvelle difficulté ajoutée à la première déjà si grave.

le milieu de ce rectangle, et, afin d'éviter les frottements vifs, de garnir chaque angle d'un galet qui, en principe, doit être horizontal, puisqu'il roule sur la partie intérieure et verticale des rails, mais que j'incline légèrement en le rendant conique, afin de permettre son passage sur les aiguilles aux croisements de voie.

Ce procédé n'ajoute rien aux deux rails existants, il n'impose aucun calcul pour le tracé des courbes, il épouse jusqu'aux défectuosités de la voie; il est d'un effet infaillible, sans raideur, et se prête à tous les genres de tracé comme aussi à toutes les exigences du service des chemins de fer; il est même applicable aux chemins de fer déjà construits sans aucune addition.

Par économie autant que par nécessité de simplifier le système, je desirais ne pas multiplier ces appareils directeurs. Les moyens d'obtenir par un essieu la convergence de l'autre pour une même voiture ne manquaient pas (1); ceux que je connaissais étaient ou compliqués ou peu rigoureux: j'eus l'idée des chaînes croisées fixées sur des couronnes d'égal diamètre; ces deux moyens réunis me donnèrent mon premier waggon.

En adoptant au premier essieu de chaque waggon cet appareil directeur, en réunissant les waggons comme ils le sont aujourd'hui par des bouts de chaînes, on remédiait incontestablement aux frottements dans les courbes, mais on ne détruisait pas les chocs, et la construction pouvait avec raison paraître trop compliquée.

J'observai que la flèche d'une voiture ne change de direction que lorsque le chemin en change lui-même, que l'angle que fait cette flèche lorsqu'elle est entrée dans cette nouvelle direction avec sa position première avant qu'elle ne tourne, devait avoir une certaine relation avec l'angle que les essieux décrivent eux-mêmes pour passer de la première à la deuxième direction; cette relation une fois déterminée, il devint facile d'obtenir l'obliquité des essieux d'une voiture par celle de la flèche de

---

(1) On sait combien on a fait de tentatives depuis douze ou quinze ans pour introduire les essieux convergents dans la construction des voitures sur route ordinaire, soit pour voitures à quatre roues dans le but de diminuer le tirage en adoptant des roues d'égale hauteur, soit pour des voitures à six roues, dans le but de rendre les voitures plus douces et moins versantes.

la voiture qui précède, par le même moyen de chaînes croisées ou tout autre; et cela en donnant aux rayons de deux couronnes, l'une fixée à la flèche, l'autre à l'essieu que l'on veut diriger, une longueur déterminée par le rapport de ces angles; toutefois, pour que ce moyen fût applicable, il fallait de toute nécessité conserver rigoureusement la même distance entre les voitures, quelle que fût leur direction. Ce but se trouve complétement rempli par l'emploi d'un timon rigide, engagé dans la cheville-ouvrière de l'arrière-train de la voiture qui précède et celle de l'avant-train de la voiture qui suit.

C'est ainsi que j'ai obtenu le mouvement successif des voitures, quel qu'en soit le nombre; que mon convoi est devenu en quelque sorte une seule voiture articulée sur chaque cheville-ouvrière, c'est-à-dire sur la capitale du chemin, et par conséquent complétement inextensible, quelle que soit d'ailleurs la position de chacune des voitures qui le composent.

EXPLICATION DES PLANCHES.

PLANCHE I.

Fig. 1, 2, Principe géométrique sur lequel est fondée la transmission successive de la direction aux essieux.

Fig. 3, Coupes et élévations de trois voitures consécutives.

Fig. 4, Plan indiquant les dispositions du système sur une partie droite.

Fig. 5, Plan indiquant les dispositions du système sur une partie courbe.

Fig. 6, Élévation de face de la première voiture avec galets directeurs.

Fig. 7, Galet roulant sur la face latérale et verticale du rail de M. Coste.

Fig. 8, Galet roulant sur la face latérale et verticale du rail de M. Brunel.

PLANCHE II.

Fig. 1, Diligence ordinaire pour chemin de fer.

Fig. 2, Nouvelle diligence d'après le système proposé.

Fig. 3, 4, 5. A, Plate-forme destinée à porter les voitures sur leurs roues.

Fig. 3, 3, BB, Planchers glissant à coulisse sur des galets destinés à charger la diligence sur le chariot.

Fig. 3, C, Plancher de l'embarcadère des voitures.

Fig. 6, 7, Waggon pour le transport des houilles et autres matériaux.

Fig. 8, 9, Détail des galets conducteurs destinés à guider le premier essieu de la première voiture d'un convoi.

Fig. 10, Détail de la jonction des parties des timons qui réunissent les voitures entre elles.

Fig. 11, DD, Disposition des goujons placés sur les essieux et les lisoirs des waggons, destinés à changer la direction du mouvement.

Fig. 12, Timon en bois ferré qui s'engage dans les goujons de la *fig.* 11.

Fig. 13, Détail de l'enrayure des waggons.

PLANCHE III.

Lithographie représentant une gare circulaire projetée à Meaux pour un chemin de fer de Paris à Meaux, sur l'une des berges du canal de l'Ourcq.

PLANCHES CLXXXVIII, CLXXXIX, XCX.

Détails relatifs au Mémoire de M. Fèvre, *inspecteur-général des Ponts-et-Chaussées.*

Fig. 42, Tracé du chemin d'expérience de Saint-Mandé.

TABLE DES MATIÈRES.

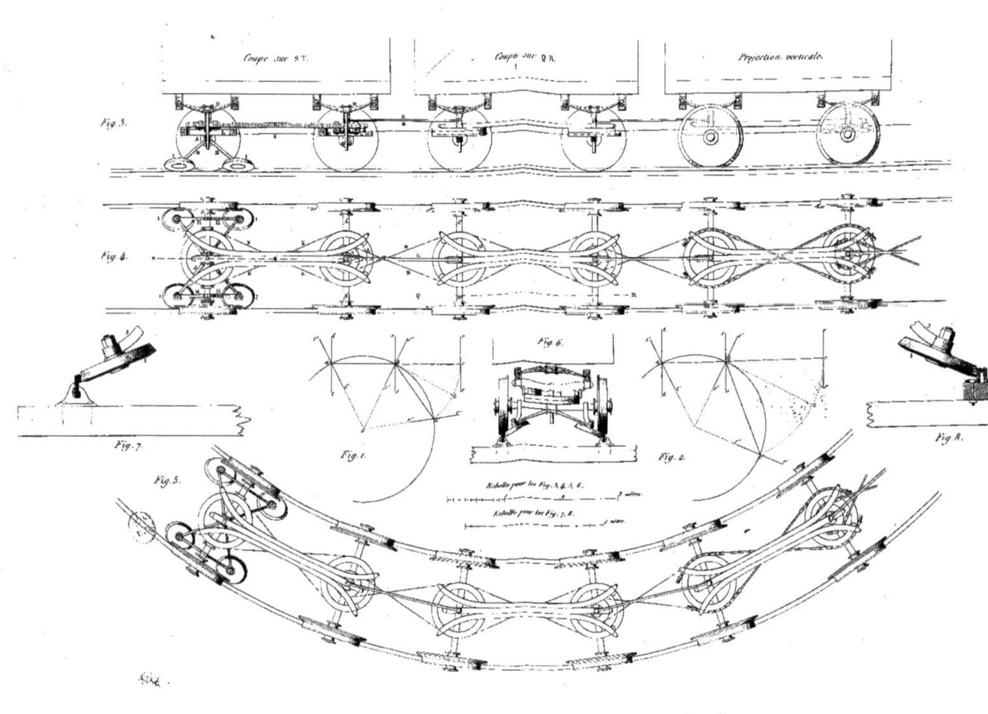
Coupe sur S T.
Coupe sur Q R.
Projection verticale.
Fig. 3.
Fig. 4.
Fig. 6.
Fig. 7.
Fig. 1.
Fig. 2.
Fig. 8.
Fig. 5.
Echelle pour les Fig. 3, 4, 5, 6.
Echelle pour les Fig. 7, 8.

Embarcadère à Meaux du chemin de fer de Paris.

(Projet de M.r Arnoux)

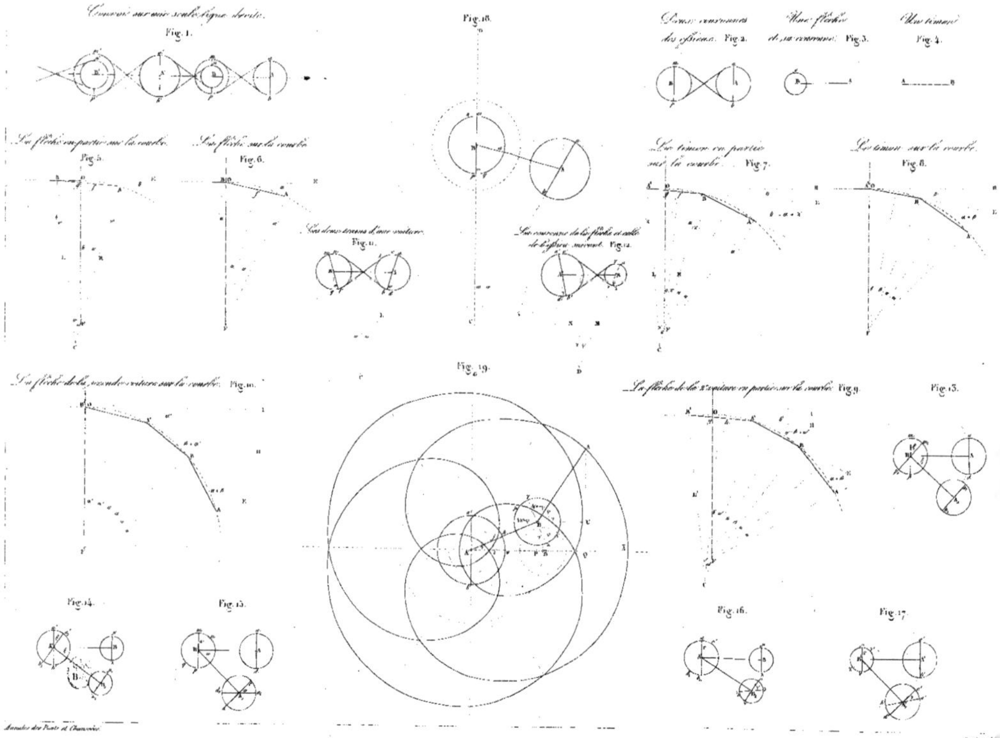

Convoi sur une seule ligne droite.
Fig. 1.

Fig. 18.

Deux couronnes des essieux. Fig. 2.

Une flèche et sa couronne. Fig. 3.

Un timon Fig. 4.

La flèche en partie sur la courbe. Fig. 5.

La flèche sur la courbe Fig. 6.

Les deux timons d'une voiture. Fig. 11.

La couronne de la flèche et celle de l'essieu suivant. Fig. 12.

Le timon en partie sur la courbe. Fig. 7.

Le timon sur la courbe. Fig. 8.

La flèche de la seconde voiture sur la courbe. Fig. 10.

Fig. 19.

La flèche de la 2e voiture en partie sur la courbe. Fig. 9.

Fig. 13.

Fig. 14.

Fig. 15.

Fig. 16.

Fig. 17.

L'avant train de la première voiture sur la courbe. Fig. 20.

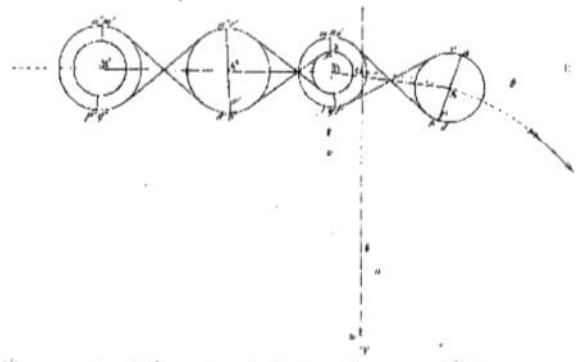

La première voiture sur la courbe. Fig. 21.

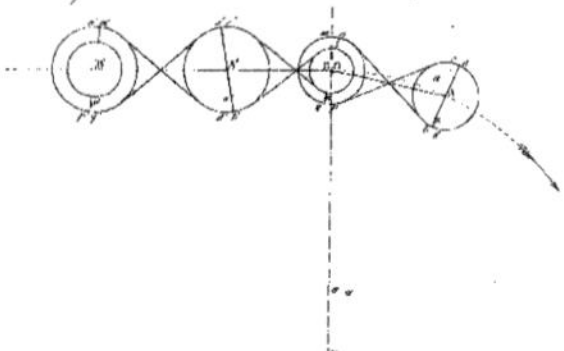

L'arrière train de la 1re voiture a dépassé l'origine de la courbe. Fig. 22.

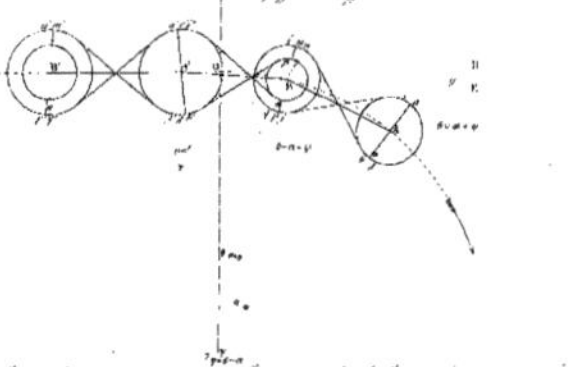

L'avant train de la 2e voiture à l'origine de la courbe. Fig. 23.

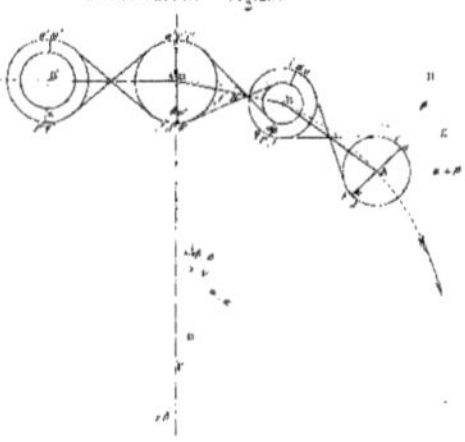

L'avant train de la 2e voiture sur la courbe. Fig. 24.

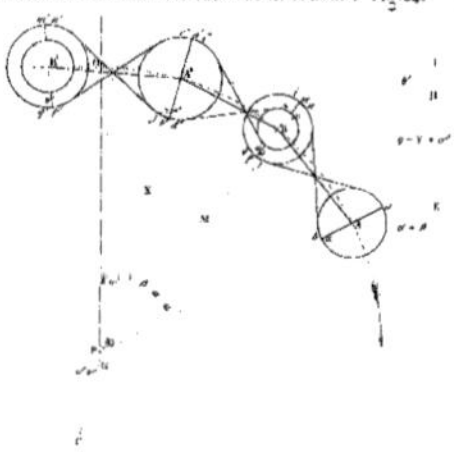

L'arrière train de la 2e voiture est à l'origine de la courbe. Fig. 25.

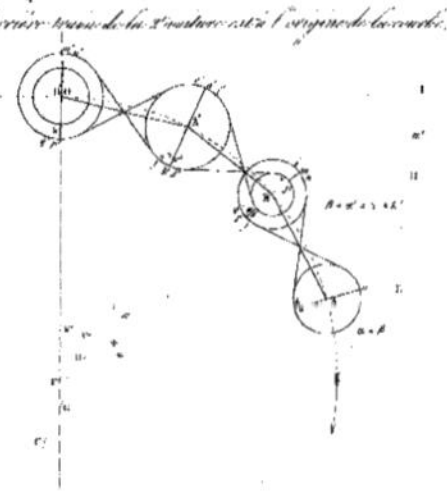

L'avant train de la 1re voiture est sorti de la courbe. Fig. 26.

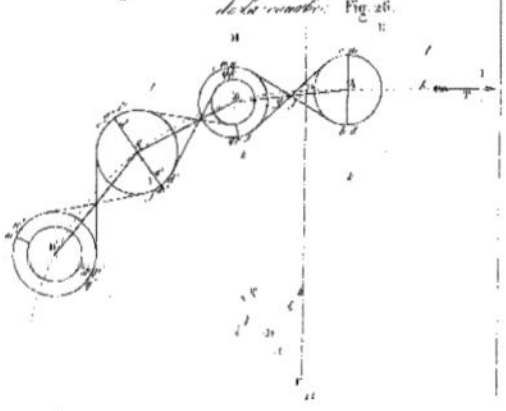

L'arrière train de la 1re voiture est à l'origine de la droite. Fig. 27.

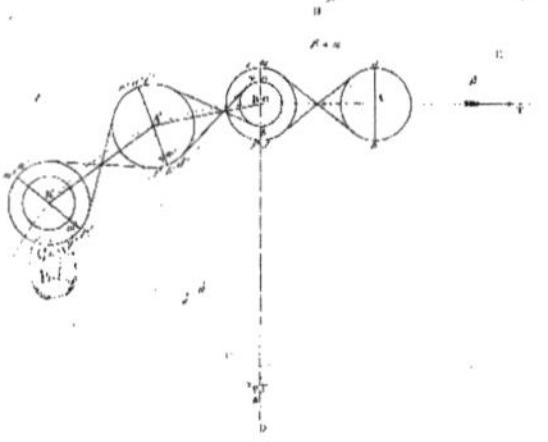

La 1re voiture est au delà de la courbe. Fig. 28.

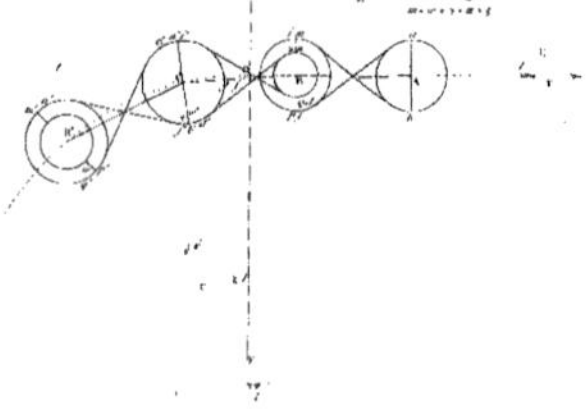

L'avant train de la 2e voiture est à l'origine de la droite. Fig. 29.

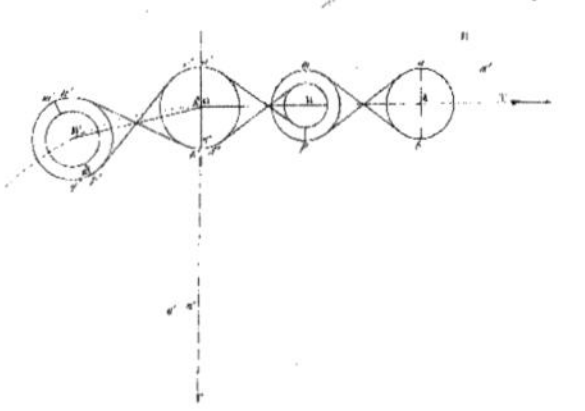

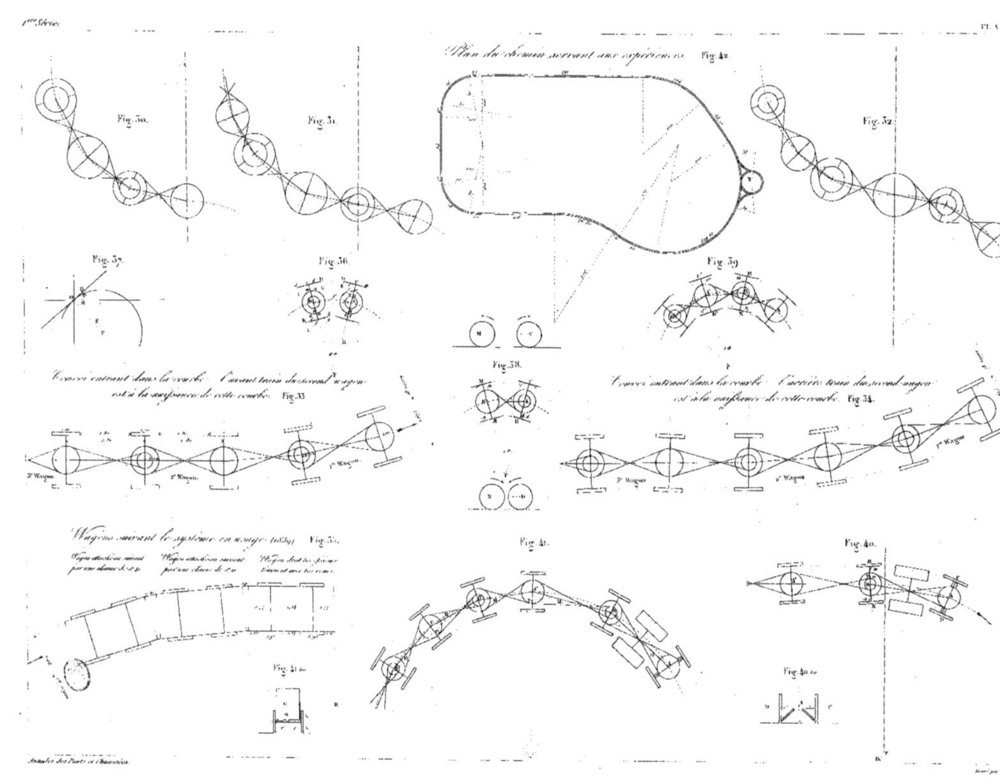
Plan du chemin servant aux expériences. Fig. 42.
Fig. 30.
Fig. 31.
Fig. 32.
Fig. 37.
Fig. 36.
Fig. 39.
Fig. 38.
Convoi entrant dans la courbe. L'avant train du second wagon est à la naissance de cette courbe. Fig. 33.
3e Wagon.
2e Wagon.
1er Wagon.
Convoi entrant dans la courbe. L'arrière train du second wagon est à la naissance de cette courbe. Fig. 34.
Wagons suivant le système en usage (1839). Fig. 35.
Fig. 41.
Fig. 40.
Fig. 41 bis.
Fig. 40 bis.

www.ingramcontent.com/pod-product-compliance
Ingram Content Group UK Ltd.
Pitfield, Milton Keynes, MK11 3LW, UK
UKHW020229220726
13923UKWH00002B/570